物联网与人工智能应用开发丛书

微控制器 USB 的技术及应用入门

工业和信息化部人才交流中心
恩智浦（中国）管理有限公司 编著

电子工业出版社·
Publishing House of Electronics Industry
北京·BEIJING

内 容 简 介

本书从工程师应用角度出发，首先简要介绍了 USB 基础及协议、USB 硬件设计、基于 SDK 的 USB 协议栈，然后详细介绍了 HID 类、MSC 类、CDC 类、Audio 类、组合类、HUB 应用开发及实例，最后介绍了 USB 兼容性测试方面的知识。

本书是一线工程师在项目研发、客户支持等方面的经验总结，介绍了如何解决用户在微控制器应用开发上常见的痛点和难点，适合从事 USB 技术及应用开发的工程师使用。

图书在版编目（CIP）数据

微控制器 USB 的技术及应用入门 / 工业和信息化部人才交流中心，恩智浦（中国）管理有限公司编著 . —北京：电子工业出版社，2018.6
（物联网与人工智能应用开发丛书）
ISBN 978-7-121-34586-9

Ⅰ. ①微…　Ⅱ. ①工…　②恩…　Ⅲ. ①微控制器—移动存贮器　Ⅳ. ①TP332.3
②TP333.91

中国版本图书馆 CIP 数据核字（2018）第 137481 号

策划编辑：徐蔷薇
责任编辑：杨秋奎　　特约编辑：孙　悦
印　　刷：三河市兴达印务有限公司
装　　订：三河市兴达印务有限公司
出版发行：电子工业出版社
　　　　　北京市海淀区万寿路 173 信箱　　邮编：100036
开　　本：720×1000　1/16　印张：19.75　字数：313 千字
版　　次：2018 年 6 月第 1 版
印　　次：2018 年 6 月第 1 次印刷
定　　价：68.00 元

物联网与人工智能应用开发丛书
指导委员会

《微控制器 USB 的技术及应用入门》

作　者

牛晓东　　王　鹏　　郭　嘉
杨　熙　　王以昌　　贾　丁

物联网与人工智能应用开发丛书

总　策　划：任　霞

秘　书　组：陈　劼　　刘庆瑜　　徐蔷薇

序 一

　　中国经济已经由高速增长阶段转向高质量发展阶段，正处在转变发展方式、优化经济结构、转换增长动力的攻关期。习近平总书记在党的十九大报告中明确指出，要坚持新发展理念，主动参与和推动经济全球化进程，发展更高层次的开放型经济，不断壮大我国的经济实力和综合国力。

　　对于我国的集成电路产业来说，当前正是一个实现产业跨越式发展的重要战略机遇期，前景十分光明，挑战也十分严峻。在政策层面，2014 年《国家集成电路产业发展推进纲要》发布，提出到 2030 年产业链主要环节达到国际先进水平，实现跨越发展的发展目标；2015 年，国务院提出"中国制造 2025"，将集成电路产业列为重点领域突破发展首位；2016 年，国务院颁布《"十三五"国家信息化规划》，提出构建现代信息技术和产业生态体系，推进核心技术超越工程，其中集成电路被放在了首位。在技术层面，目前全球集成电路产业已进入重大调整变革期，中国集成电路技术创新能力和中高端芯片供给水平正在提升，中国企业设计、封测水平正在加快迈向第一阵营。在应用层面，5G 移动通信、物联网、人工智能等技术逐步成熟，各类智能终端、物联网、汽车电子及工业控制领域的需求将推动集成电路的稳步增长，因此集成电路产业将成为这些产品创新发展的战略制高点。

展望"十三五"，中国集成电路产业必将迎来重大发展，特别是党的十九大提出要加快建设制造强国，加快发展先进制造业，推动互联网、大数据、人工智能和实体经济深度融合等新的要求，给集成电路发展开拓了新的发展空间，使得集成电路产业由技术驱动模式转化为需求和效率优先模式。在这样的大背景下，通过高层次的全球合作来促进我国国内集成电路产业的崛起，将成为我们发展集成电路的一个重要抓手。

在推进集成电路产业发展的过程中，建立创新体系、构建产业竞争力，最终都要落实在人才上。人才培养是集成电路产业发展的一个核心组成部分，我们的政府、企业、科研和出版单位对此都承担着重要的责任和义务。所以我们非常支持工业和信息化部人才交流中心、恩智浦（中国）管理有限公司、电子工业出版社共同组织出版这套"物联网与人工智能应用开发丛书"。这套丛书集中了众多一线工程师和技术人员的集体智慧和经验，并且经过了行业专家学者的反复论证。我希望广大读者可以将这套丛书作为日常工作中的一套工具书，指导应用开发工作，还能够以这套丛书为基础，从应用角度对我们未来产业的发展进行探索，并与中国的发展特色紧密结合，服务中国集成电路产业的转型升级。

工业和信息化部电子信息司司长

2018 年 1 月

序 二

随着摩尔定律逐步逼近极限，以及云计算、大数据、物联网、人工智能、5G 等新兴应用领域的兴起，细分领域竞争格局加快重塑，围绕资金、技术、产品、人才等全方位的竞争加剧，当前全球集成电路产业进入了发展的重大转型期和变革期。

自 2014 年《国家集成电路产业发展推进纲要》发布以来，随着"中国制造 2025""互联网+"和大数据等国家战略的深入推进，国内集成电路市场需求规模进一步扩大，产业发展空间进一步增大，发展环境进一步优化。在市场需求拉动和国家相关政策的支持下，我国集成电路产业继续保持平稳快速、稳中有进的发展态势，产业规模稳步增长，技术水平持续提升，资本运作渐趋活跃，国际合作层次不断提升。

集成电路产业是一个高度全球化的产业，发展集成电路需要强调自主创新，也要强调开放与国际合作，中国不可能关起门来发展集成电路。

集成电路产业的发展需要知识的不断更新。这一点随着云计算、大数据、物联网、人工智能、5G 等新业务、新平台的不断出现，已经显得越来越重要、越来越迫切。由工业和信息化部人才交流中心、恩智浦（中国）管理有限公司与电子工业出版社共同组织编写的"物联网与人工智能应用开发丛书"，是我们产业开展国际知识交流与合作的一次有益尝试。我们希望看到更多国内外企业持续为我国集成电路产业的人才培养和知识更新提供有效的支撑，通过各方的共同努力，真正实现中国集成电路产业的跨越式发展。

丁文武

2018 年 1 月

序 三

　　尽管有些人认为全球集成电路产业已经迈入成熟期，但随着新兴产业的崛起，集成电路技术还将继续演进，并长期扮演核心关键角色。事实上，到现在为止还没有出现集成电路的替代技术。

　　中国已经成为全球最大的集成电路市场，产业布局基本合理，各领域进步明显。2016 年，中国集成电路产业出现了三个里程碑事件：第一，中国集成电路产业第一次出现制造、设计、封测三个领域销售规模均超过 1000 亿元，改变了多年来始终封测领头，设计和制造跟随的局面；第二，设计业超过封测业成为集成电路产业最大的组成部分，这是中国集成电路产业向好发展的重要信号；第三，中国集成电路制造业增速首次超过设计业和封测业，达到最快。随着中国经济的增长，中国集成电路产业的发展也将继续保持良好态势。未来中国将保持世界电子产品生产大国的地位，对集成电路的需求还会维持在高位。与此同时，我们也必须认识到，国内集成电路的自给率不高，在很长一段时间内对外依存度会停留在较高水平。

我们要充分利用当前物联网、人工智能、大数据、云计算加速发展的契机，实现我国集成电路产业的跨越式发展，一是要对自己的发展有清醒的认识；二是要保持足够的定力，不忘初心、下定决心；三是要紧紧围绕产品，以产品为中心，高端通用芯片必须面向主战场。

产业要发展，人才是决定性因素。目前我国集成电路产业的人才情况不容乐观，人才缺口很大，人才数量和质量均需大幅度提升。与市场、资本相比，人才的缺失是中国集成电路产业面临的最大变量。人才的成长来自知识的更新和经验的积累。我国一直强调产学研结合、全价值链推动产业发展，加强企业、研究机构、学校之间的交流合作，对于集成电路产业的人才培养和知识更新有非常正面的促进作用。由工业和信息化部人才交流中心、恩智浦（中国）管理有限公司与电子工业出版社共同组织编写的这套"物联网与人工智能应用开发丛书"，内容涉及安全应用与微控制器固件开发、电机控制与 USB 技术应用、车联网与电动汽车电池管理、汽车控制技术应用等物联网与人工智能应用开发的多个方面，对于专业技术人员的实际工作具有很强的指导价值。我对参与丛书编写的专家、学者和工程师们表示感谢，并衷心希望能够有越来越多的国际优秀企业参与到我国集成电路产业发展的大潮中来，实现全球技术与经验和中国市场需求的融合，支持我国产业的长期可持续发展。

魏少军　教授

清华大学微电子所所长

2018 年 1 月

序　四

千里之行　始于足下

人工智能与物联网、大数据的完美结合，正在成为未来十年新一轮科技与产业革命的主旋律。随之而来的各个行业对计算、控制、连接、存储及安全功能的强劲需求，也再次把半导体集成电路产业推向了中国乃至全球经济的风口浪尖。

历次产业革命所带来的冲击往往是颠覆性的改变。当我们正为目不暇接的电子信息技术创新的风起云涌而喝彩，为庞大的产业资金在政府和金融机构的热推下，正以前所未有的规模和速度投入集成电路行业而惊叹的同时，不少业界有识之士已经敏锐地意识到，构成并驱动即将到来的智能化社会的每一个电子系统、功能模块、底层软件乃至检测技术都面临着巨大的量变与质变。毫无疑问，一个以集成电路和相应软件为核心的电子信息系统的深度而全面的更新换代浪潮正在向我们走来。

如此的产业巨变不仅引发了人工智能在不远的将来是否会取代人类工作的思考，更加现实而且紧迫的问题在于，我们每一个人的知识结构和理解能力能否跟得上这一轮技术革新的发展步伐？内容及架构更新相对缓慢的传统教材以及漫无边际的网络资料，是否足以为我们及时勾勒出物联网与人工智能应用的重点要素？在如今仅凭独到的商业模式和靠免费获取的流量，就可以瞬间增加企业市值的 IT 盛宴里，我们的工程师们需要静下心来思考在哪些方面练好基本功，才能在未来翻天覆地般的技术变革时代立于不败之地。

带着这些问题，我们在政府和国内众多知名院校的热心支持与合作下，精心选题，推敲琢磨，策划了这一套以物联网与人工智能的开发实践为主线，以集成电路核心器件及相应软件开发的最新应用为基础的科技系列丛书，以期对在人工智能新时代所面对的一些重要技术课题提出抛砖引玉式的线索和思路。

本套丛书的准备工作始终得到了工业和信息化部电子信息司刁石京司长，国家集成电路产业投资基金股份有限公司丁文武总裁，清华大学微电子所所长魏少军教授，工业和信息化部人才交流中心王希征主任、李宁副主任，电子工业出版社党委书记、社长王传臣的肯定与支持，恩智浦半导体的任霞女士、张伊雯女士、陈劼女士，以及恩智浦半导体各个产品技术部门的技术专家们为丛书的编写组织工作付出了大量的心血，电子工业出版社的董亚峰先生、徐蔷薇女士为丛书的编辑出版做了精心的规划。著书育人，功在后世，借此机会表示衷心的感谢。

　　未来已来，新一代产业革命的大趋势把我们推上了又一程充满精彩和想象空间的科技之旅。在憧憬人工智能和物联网即将给整个人类社会带来的无限机遇和美好前景的同时，打好基础，不忘初心，用知识充实脚下的每一步，又何尝不是一个主动迎接未来的良好途径？

郑力

写于 2018 年拉斯维加斯 CES 科技展会现场

前　言

在个人计算机中，USB 接口已经取代了串口和并口。目前，USB 接口作为一种简易、高速、可靠的计算机通信总线技术已经相当普及，相应的外设周边极其丰富。配备 USB 接口的游戏手柄、U 盘、移动硬盘、手机等设备依靠 USB 的特性广泛应用于我们日常工作和生活之中。

随着人工智能和物联网（IoT）的兴起，工程师使用各种 USB 扩展棒（Dongle）在现有设备上扩展出 ZigBee、BLE 等无线连接的功能，支持实现无线连接的快速原型搭建，或者为原来没有无线连接能力的设备提供简易、高效的无线连接功能。由于 USB 接口具有数据吞吐量高及连接简单等优点，各种神经网络计算棒也是通过 USB 接口与计算机或高性能处理器连接来验证功能或应用于现有产品中的。通过 USB 接口，处理器与神经网络计算棒可以很容易地实现采集原始数据和模板数据的互传。

嵌入式微控制器（MCU）应用到我们工作和生活的方方面面，在片上集成 USB 控制器已是大势所趋。新的应用需求（如物联网和深度学习）也要求工程师掌握 USB 接口。

对于 USART，SPI 和 I²C 等经典的串行接口来说，USB 在硬件设计及软件开发方面都增加了难度，对工程师和开发者使用 USB 提出了更高的要求。本书是一线工程师项目开发经验的总结，从 USB 项目应用角度出发，系统地介绍嵌入式 USB 接口的硬件、软件和认证方面的技术。本书内容涵盖 USB 的基础概念、软件协议栈的分析、应用类的分析举例及总结 USB 的认证经验。希望本书能够供入门的初学者阅读，又能帮助应用工程师解决日常 USB 开发中遇到的痛点和难点。

本书总共 10 章，第 1 章由牛晓东执笔，第 2 章和第 10 章由王鹏执笔，第 3 章和第 9 章由王以昌执笔，第 4 章由郭嘉执笔，第 5 章、第 6 章和第 8 章由杨熙执笔，第 7 章由贾丁执笔。本书的撰写工作得到了蒋文卫先生的支持，在此表示衷心的感谢。本书还参考了一些文献，在此也一并向有关文献的作者表示感谢。

特别感谢本系列丛书指导委员会及专家委员会的各位专家对本书大纲结构给予的宝贵建议。

由于作者水平所限，书中不足之处，希望各位专家和广大读者批评指正。

物联网与人工智能应用开发丛书

《微控制器 USB 的技术与应用入门》作者团队

2018 年 2 月

缩 略 词

ACK：确认信号

EOF：结束帧

EOP：结束包

HID：Human Interface Device，人机接口设备

Hub：集线器

MSC：Mass Storage Class，大容量存储类

SOF：起始帧

SOP：起始包

USB：Universal Serial Bus，通用串行总线

目　录

第 1 章

USB 基础及协议概述

本章介绍 USB 的基本概念及其系统结构、特点，让使用恩智浦微控制器的用户了解基本的 USB 外设概念和如何使用恩智浦微控制器的 USB 外设。

1.1 简介

■ 1.1.1 背景

USB 是通用串行总线（Universal Serial Bus）的缩写，其官方主页为 www.usb.org。USB 是一种简易、双向、快速、同步、即插即用（Plug and Play，PnP）且支持热插拔功能的串行接口。USB 设备现在已经非常普及，如 U 盘、鼠标、键盘等。USB 协议曾经出现过多种版本，如 USB1.0、USB1.1、USB2.0、USB3.0 等。在协议迭代的过程中，USB 组织又提出了 OTG（On The Go）规范，解决了 USB 设备和设备之间、主机和主机之间不能互联的问题。2016 年发布的 USB Type-C™ 接口，不仅解决了正反插入的问题，同时还提升了供电能力和音视频输出能力。

目前，恩智浦微 USB 控制器产品均为支持 USB2.0 规范的产品，尚没有支持 USB3.0 或更高版本 USB 规范的产品，所以本书以介绍 USB2.0 相关知识为主线。

■ 1.1.2 USB 的特点

USB 接口体积小巧，支持热插拔、即插即用，兼容性好，可节省系统资源及降低成本。USB 接口即插即用的优点，使其可以在不重启计算机系统的情况下，直接把外部设备连接到计算机的 USB 接口，并在驱动程序正常的情况下立刻开始工作。

相较于微控制器集成的串行外设，USB 具有以下特点。

● 接口物理连接器体积小巧。与以太网接口相比，USB 的接口小巧，PHY 易于集成在片上且发热量小。

● USB2.0 支持 3 种传输速度：低速模式（1.5Mb/s）、全速模式（12Mb/s）和高速模式（480Mb/s）。由于 USB 协议自身的开销（如同步、令牌、校验、填充位等），实际有效的传输速度会略低，但比经典的 RS232 串口的传输速率要高。

● USB 为共享式接口技术，采用"菊花链"式的扩展方式支持多个外设的链接。多个 USB 设备可以通过 USB 集线器连接到同一个计算机 USB 端口。USB2.0 规范中规定一个 USB 主控制器可以连接最多 126 个外部设备。

● USB 采用即插即用技术，不需要复位芯片或者 USB 的控制器。USB 支持热插拔，客户可以随时断开 USB 设备与微控制器的连接，此时微控制器的 USB 外设可以检测到用户的插拔动作。

● USB 接口支持 4 种传输模式，即控制传输、中断传输、批量传输和同步传输，以满足不同的应用场合需求。

● USB 接口性价比高。目前越来越多的微控制器集成了 USB 控制器，有的只支持从机模式，有的支持主机和从机模式，有的还支持 OTG。这方面 LPC 和 Kinetis 系列都有丰富的产品线支持。

● USB 接口具有外部供电能力和功耗管理规范。按照 USB 的标准，一般的 USB 主机均具有 500mA/5V 的供电能力。USB 协议规范中还规定了完善的电源管理方式，支持低功耗模式，可以大大节省计算机和外部设备的功耗。

● USB 接口具有良好的兼容性。USB 协议组织制定了 USB1.0、USB1.1、USB2.0、USB3.0 规范，以及无线 USB 和 USB OTG 的版本，由于 USB

组织的规范，这些协议具有良好的向下兼容性，使得高低版本的 USB
设备均能相互兼容工作。

● USB 可以与目前的计算机进行数据交互。在计算机逐步把并行接口、
串口和以太网口砍掉之后，USB 已经作为统一的对外接口。集成有
USB 的微控制器可以与 PC 进行无缝交互。

表 1-1 对 USB 接口和其他嵌入式微处理外设接口的性能进行了比较。

表 1-1　常用嵌入式微处理器串行接口性能比较

接口类型	数据格式	传输速率（Mb/s）	扩展设备数	电缆长度（m）	是否支持热插拔
USB	串行、差分	1.5/12/480	126	3 或 5	是
RS232	串行	8	2	15～30	否
RS485	串行、差分	10	32	1200	否
SPI	串行	25	视片选信号个数	板上通信	否
I²C	串行	0.1/0.4/1	数据阶段要传输的数据长度	板上通信	是
以太网	串行、差分	100	1024	500	是

1.2　系统架构

1.2.1　USB 总线架构

典型的 USB 应用系统由 USB 主机、USB 设备和 USB 线缆组成。在 USB
总线体系中，外部设备一般统一为 USB 设备，主要完成特定的功能，如常用
的 U 盘、移动硬盘、鼠标、键盘、游戏手柄等。USB 主机是系统的主人，负
责 USB 通信过程中数据的控制和处理，最典型的 USB 主机就是常用的 PC 计
算机。在 USB 传输过程中，USB 主机发送给 USB 设备的数据传输称为下行
（Down Stream）通信，由 USB 设备发送给 USB 主机的数据传输称为上行（Up
Stream）通信。图 1-1 展示了一个 USB 最小的系统构成。

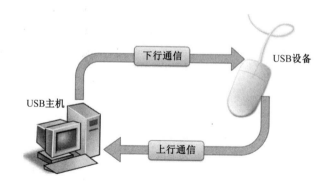

图 1-1　USB 最小的系统构成

1.2.2　USB 主机和设备

　　USB 主机包含 USB 主控制，并且能够完成 USB 主机和设备之间的数据管理和传输。在整个 USB 的通信过程中，USB 主机处于主导地位，由 USB 主机发起数据和命令的传输，USB 设备被动响应 USB 主机发来的请求命令。在 USB 的规范中，仅允许一个 USB 主机存在于系统中，并且 USB 主机最多只能分配 127 个地址（1～127）。

　　USB 设备根据自身的功能分为 USB 集线器（Hub）和 USB 功能设备。USB 集线器（Hub）主要为 USB 主机提供额外的连接点，从而扩展出更多的 USB 主机端口。在 USB 协议规定中，USB 集线器最多可以实现级联 5 级，第 5 级集线器只能接 USB 设备，不能再接集线器，如图 1-2 所示。

　　USB 设备（Device）用于实现特定的功能。USB 设备通常用于扩展 USB 主机的功能，实现控制、数据传输等功能。每个 USB 设备包含描述其功能和资源的需求配置信息，如 USB 设备的类型、带宽、接口种类等。当 USB 设备连接到 USB 主机时，USB 主机会获取 USB 设备的配置信息，并根据该配置信息调整端口的设置、建立通信。

　　USB 主机和 USB 设备间的通信是通过管道（Pipe）进行的，如图 1-3 所示。在 USB 协议中，管道是指在 USB 主机端的一组缓冲区，用于管道中数据的收发；在 USB 设备端，有一个特定端点（Endpoint，ENDP）与管道对接，每个端点都是一个<索引,方向>二元组。USB 设备地址、端点索引和端点方向的组合可以唯一确定 USB 主机和 USB 设备间的通信。

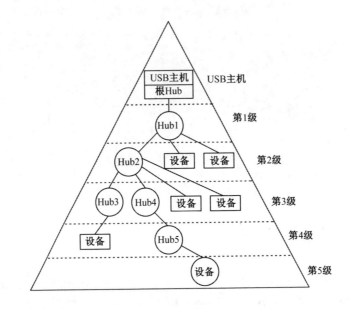

图 1-2　USB 总线架构

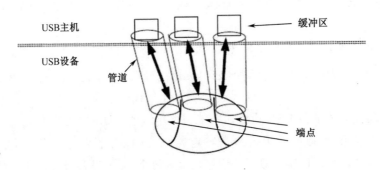

图 1-3　USB 管道和端点

1.2.3　USB 分层结构

类似以太网的分层结构设计，USB 总线系统也有明确的分层结构。完整的 USB 应用系统可以分为功能层、设备层和总线接口层，如图 1-4 所示。

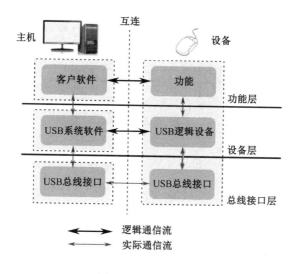

图 1-4　USB 分层结构

（1）功能层。功能层在 USB 应用系统中主要负责 USB 主机和设备之间的数据传输，由 USB 设备的功能单元和相应的 USB 主机程序构成。功能层规定了数据传输的类型，分为以下 4 种：控制传输（Control Transfer）、批量传输（Bulk Transfer）、中断传输（Interrupt Transfer）、同步传输（Isochronous Transfer）。

（2）设备层。设备层在 USB 系统中负责管理 USB 设备、分配 USB 设备的地址、获取设备描述符等。设备层的工作需要驱动程序、USB 设备和 USB 主机的支持。在设备层中，USB 驱动程序可以获得该 USB 设备的能力。

（3）总线接口层。总线接口层在 USB 系统之中实现 USB 数据传输的时序。USB 总线数据传输使用 NRZI 编码，既反向非归零编码。在 USB 总线接口层中，USB 控制器自动进行 NRZI 编码或者解码，完成数据传输过程。总线接口层一般由 USB 接口硬件自动完成。

■■ 1.2.4　USB 物理连接

1. USB 电缆

USB2.0 通常通过一根四线的电缆传送信号和电源（见图 1-5），其中，

D+、D−两根线用于传输差分信号，V_{BUS} 为电源线，GND 为地线。

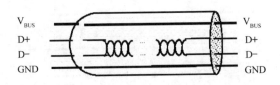

图 1-5　USB 的电缆

为了保证信号传输的质量和抑制干扰，USB 采用差分信号进行传输。低电平时，差分信号可以有效地抑制干扰。当信号以较低电平进行传输时，比较容易受到其他信号的干扰，而差分信号则采用大小相等、极性相反的信号，所以能使信号的电平加倍，减少干扰信号对 USB 信号的影响。更重要的是，如果两种信号都存在噪声干扰，差分信号的相减可以抵消噪声，因此差分信号对信号干扰有着天然的免疫力，这也是 USB 传输可靠性的一个保证。

2. USB 连接器

USB 协议规定了 USB 连接器的具体类型，分为 A 型和 B 型，如表 1-2 所示。USB 连接器的 A 型插座（Female，母头）和 A 型插头（Male，公头）互相匹配，B 型插座和 B 型插头互相匹配。通常，USB 主机或者 USB 集线器的下行端口多使用 A 型插座；USB 设备或 USB 集线器的上行端口采用 B 型插座，因此 B 型插头总是指下行 USB 设备或者集线器。图 1-6 所示是 USB 连接器的内部结构图。第 2 章中，我们会详细介绍 USB 连接器。

图 1-6　USB 连接器内部结构

表 1-2　USB 连接器

USB 规范	类　型	端　口　图	实　物　图
USB 2.0	A 型公头		
	A 型母头		

无论是 A 型接头还是 B 型 USB 接头，均具有 V_{BUS}, GND, D+, D−4 根物理引线，对于 MiniUSB 接口和 MicroUSB 接口，通常包含 5 五根物理引线，即 V_{BUS}, GND, ID, D+, D−。ID 信号线在 OTG 功能上有使用到。其中，V_{BUS} 通常为红线（+5V 电源），GND 通常为黑色（地线），USB 主机可以通过这两根线对设备进行供电。D+（绿色）和 D−（白色）是数据通信用的差分信号线，用于实现 USB 主机和设备之间的数据传输。

1.2.5　USB2.0 电气特性

USB 使用的是 NRZI 编码，当数据为 0 时，电平翻转；当数据为 1 时，电平保持（不翻转）。编码出来的序列，高电平为 J 状态，低电平为 K 状态，如图 1-7 所示。为了防止出现长时间电平不变化的情况，在发送数据前要经过位填充（Bit Stuffing）处理。未经过位填充处理的数据，由串行接口引擎（SIE）将数据串行化和 NRZI 编码后，发送到 USB 的差分数据线上。相对于发送端，接收端接收数据是一个相反的过程，接收端采样数据线，由 SIE 引擎将数据并行化（反串行化），然后去掉填充位，恢复原来的数据。在实际使用微控制器片上的 USB 外设时，芯片内的硬件已经处理好了。

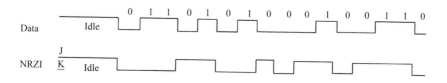

图 1-7　NRZI 编码

■ 1.2.6 USB2.0 设备速度的识别

USB2.0 采用在 D+和 D-信号线上增加上拉电阻的方法来识别低速和全速设备，如图 1-8 所示。

● 低速 USB 设备的 D-信号线上连有 1.5kΩ的上拉电阻接至 3.0～3.6V 电压。

● 全速 USB 设备的 D+信号线上连有 1.5kΩ的上拉电阻接至 3.0～3.6V 电压。

● 主机或者集线器的下行端口的 D+和 D-信号线上都连有 15kΩ的下拉电阻到地。

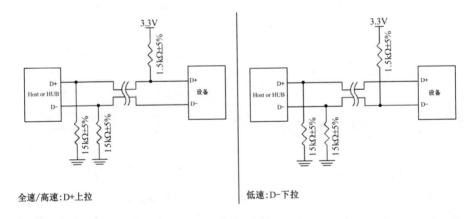

图 1-8 USB 全速与高速设备识别

当控制器或集线器的下行端口没有与 USB 设备连接时，其 D+和 D-信号线上的下拉电阻使得这两条数据线的电压都是低电平；当低速/全速设备连接 USB 设备以后，在 D-或者 D+信号线上会出现大小为 15/（15+1.5）×V_{cc} 的电压，而 D+/D-信号线上仍然保持低电平。如果这种状态持续 2.5μs 以上，USB 主机就会认为一个低速/全速设备已经连接成功。

USB2.0 高速设备识别：高速设备在连接起始时以全速速率与主机进行通信，以完成其配置操作，这时候需要在 D+信号线上把 1.5kΩ的上拉电阻接至 3.0～3.6V 电压。当高速设备正常工作时，如果采用高速传输，D+信号线不需要上拉；如果采用全速传输，则 D+信号线必须使用上拉电阻。

所以，为识别出 USB 设备的速度属性，需要在上拉电阻和 D+信号线之间连接一个由软件控制的开关（也称为软连接功能），目前大部分的恩智浦微控制器的 USB 外设内部已经集成了这个功能。用户只需要控制寄存器即可，无须增加额外的外部控制电路。

1.2.7　USB2.0 电源

在 USB 系统中，主机和集线器端口都可以为其连接的 USB 设备提供电源，一般每个端口输出的最大电流为 100mA 或者 500mA。其中，500mA 电流的 USB 端口为高功率集线器端口，100mA 电流的 USB 端口被称为低功率端口。

USB2.0 的电压标称值为+5V，实际上这个电压会有一定的偏差。对于高功率集线器端口来说，该电压范围为 4.75～5.25V；而对于低功率集线器端口而言，该电压范围为 4.4～5.25V。USB2.0 主机包含一个独立的电源管理系统，它和 USB 系统软件一起管理设备的挂起、恢复等 USB 电源事件。USB 设备具有一定的电源管理能力，以相应 USB 系统软件发出电源操作。

当 USB 处于挂起状态时，工作在低功率模式下的 USB 设备仅从总线上获取 500μA 的电流；如果是高功率模式的 USB 设备且已经使用远端唤醒功能，则需要获取 2.5μA 的挂起电流。对于总线供电的 USB 集线器来说，如果在配置后挂起，可从总线上获取 2.5mA 工作电流，并为每个下行端口分配 500μA 电流，剩余的电流则留给集线器本身使用；如果它未被配置而挂起，则它将作为低功率设备，最多从总线上获取 500μA 的挂起电流。

USB 设备可以采用总线供电的方式，也可以采用自供电的方式。如果 USB 设备采用总线供电的方式则需要考虑上行端口的供电能力，如果上行端口只能提供 100mA 的电流，那么 USB 设备最大也只能获得 100mA 的电流。

对于 USB 设备的电流要求可以在其配置描述符中表述，在 USB 设备上电时，首先为低功率消耗的设备进行上电配置，在 USB 设备配置完成后，USB 主机或者集线器便可以按照设备配置描述符中的规定提供相应的电流值，USB 设备就可以从总线上获取相应的电流了。

图1-9所示为USB设备配置描述符,方框中的代码为设置电流大小的地方。

```
0x09,
/* 描述符的长度：9字节 */
USB_CONFIGURATION_DESCRIPTOR_TYPE,
/* 描述符的类型：0x02 配置描述符(Configuration) */
JOYSTICK_SIZ_CONFIG_DESC, 0x00,
/* 完整的描述符包括接口描述符、端点描述符和类描述符的长度 */
0x01,
/* 配置所支持的接口数目：1 */
0x01,
/* 用SetConofiguration()选择此配置，所指定的配置号：1 */
0x00,
/* 用于描述此配置的字符描述符的索引号：0 */
0xE0,
/* 供电配置：B7(1 保留), B6(自供电), B5(远程唤醒), B4-B0(0 保留) */
0x32,
/* 最大功耗，以2mA为单位计算：0x32表示 50×2 = 100mA */
```

图 1-9　USB 设备配置描述符

1.3　USB2.0 事务处理及数据传输

包（Packet）是 USB 事务处理过程中主机和设备之间数据传输的基本单位，包括令牌（Token）包、数据包和握手包，各类型包通过包标识符（PID）作进一步区分，为简化起见，将 PID 分别为 Setup, IN, OUT 等的令牌（Token）包称为 Setup 包、IN 包、OUT 包等。相应地，数据包和握手包也按此命名。例如，数据包包括 DATA0 包、DATA1 包等，握手包包括 ACK 包、NAK 包、STALL 包等。

USB 协议层进一步定义了如何使用不同的包的组合来完成一个事务，根据事务中令牌（Token）包的类型，将事务分为 Setup 事务、IN 事务、OUT 事务、Ping 事务等。

1.3.1　包

令牌包全部由 USB 主机发出，其他类型包的方向根据实际情况而定。所有包都以同步域（SYNC）开始、以包结束符（EOP）信号结束。不同类型包包含的域不同，主要包括包标识符（PID）、包目标地址（ADDR）、包目标端点（ENDP）、数据、帧号和循环冗余校验码（CRC）。

1. 同步字段（SYNC）

在 USB 系统中，USB 主机和设备不是共享一个时钟的，这使得接收方没有办法准确知道发送方何时发送数据，尽管能检测到总线从空闲状态到 K 状态的一个跳变（SOP），但这个跳变不足以确保发送方和接收方在传输数据包的过程中保持同步；若需要保持同步，则所有的数据包都必须以一个同步字段开始。

2. 包标识符（PID）

包的类型通过长度为 8 位的标识符指定，其中包括 4 位的包类型字段和与其对应的 4 位校验位字段，校验位字段是包类型字段的补码。表 1-3 给出了 USB 协议中定义的各个包。按 PID 字段的功能，可以分为 4 种类型，即令牌包（10b）、数据包（11b）、握手包（01b）和专用包（00b），由字段值的前两位（PIDG<1:0>）来指明。

表 1-3　USB2.0 中定义的各种 PID

包 类 型	包 名 称	PID 值	说 明
令牌包	OUT	4'b0001	通知设备将要输出数据
	IN	4'b1001	通知设备将要输入数据
	SOF	4'b0101	通知设备这是帧起始包
	Setup	4'b1101	通知设备将要开始控制传输
数据包	DATA0	4'b0011	不同类型的数据包
	DATA1	4'b1011	
	DATA2	4'b0111	
	MDATA	4'b1111	

续表

包类型	包名称	PID 值	说明
握手包	ACK	4'b0010	确认
	NAK	4'b1010	不确认
	STALL	4'b1110	挂起
	NYET	4'b0110	未准备好
专用包	PRE	4'b0010	前导
	ERR	4'b1001	错误
	SPLIT	4'b0101	分裂事务
	Ping	4'b1101	PING 测试
	—	4'b0000	保留

3. 包目标设备地址（ADDR）

每个 USB 设备都有一个由 USB 主机管理分配的地址，USB 设备在被 USB 主机分配一个地址前将会使用默认的地址 0。在收到 USB 主机分配的地址后，USB 设备将会使用这个新的非 0 地址，直到 USB 设备被拔出、掉电或者复位。

包目标设备的地址长度只有 7 位，即一个 USB 主机最多只能管理 127 个 USB 设备。所以 USB 设备的地址由地址字段 ADDR 和端点字段 ENDP 构成，如果令牌包的地址和端点号与 USB 设备的地址不匹配，USB 设备会忽略该令牌包。

4. 包目标端点（ENDP）

对主机而言，USB 设备和主机间的通信建立在一个个单独的管道（Pipe）上，每个管道在 USB 设备上都对应一个端点，因此在总线上传输的每个包都需要指定其目标端点号。同时端点也是区分方向的，USB 主机与 USB 设备端点 1 的 IN 方向建立的通信管道和与端点 1 的 OUT 方向建立的通信管道是两个不同的通信管道。端点号在包中由 4 位表示，即 USB 设备最大可以支持 16 个双向端点，其中，端点 0 为专用的控制端点。

5. 数据

不同传输类型在不同速度模式下的数据字段的长度各不相同。

6. 帧索引

帧索引仅在每帧/小帧开始的 SOF 令牌包中被发送，长度是 11 位，该字段的初始值为 0，由 USB 主机对其进行递增，当达到最大值 2047 时则重新从

0 开始计数。

7. 循环冗余校验码（CRC）

USB 协议规定只有令牌包（Token）和数据包具有循环冗余校验码，其他的包没有循环冗余校验码。另外，令牌包使用 5 位循环冗余校验码，数据包使用 16 位循环冗余校验码。CRC 校验失败意味着数据包中有字段出现错误，接收方会丢弃该字段或者整个信息数据包。

1.3.2 事务

事务是 USB 可靠传输（具有反馈机制）的最小单位。单独的包并没有错误检测机制，传输过程中可能出现各种情况导致接收方出现错误，而事务就是利用令牌包、数据包和握手包实现一个带有错误反馈机制的通信，使 USB 传输更加安全可靠。

在 USB2.0 的协议中，按照令牌阶段的不同，规定了 7 种令牌包，因此 USB 事务处理可以按照令牌包的类型分为以下 7 种，即 Setup 事务、IN 事务、OUT 事务、Ping 事务、SOF 事务、SPLIT 事务及 PRE 事务。

限于篇幅，事务部分可以参阅本系列丛书的《微控制器 USB 的信号及协议实现》中 2.1.3 节。

1.4 USB2.0 数据传输类型

基于事务，USB 协议定义了传输（Transfer）用于完成一组具有特定目的的事务，若任意一个事务失败，则整个传输都会失败。

USB 协议中定义了 4 种传输类型，包括控制传输、中断传输、批量传输和同步传输，表 1-4 列出各种传输（Transfer）类型支持的数据长度，USB 设备在所有的速度模式下都支持控制传输，而低速模式不支持同步传输和批量传输。

表 1-4　各种传输（Transfer）类型支持的最大包长度

传输类型	传输方向	低速（字节）	全速（字节）	高速（字节）
控制传输	IN 或 OUT	8	8/16/32/64	64
同步传输	IN 或 OUT	不支持	1023	1024
中断传输	IN 或 OUT	0～8	0～64	0～1024
批量传输	IN 或 OUT	不支持	8/16/32/64	512

1.4.1　控制传输

控制传输（Control Transfer）类型主要用于少量数据传输，对传输时间和传输速率均无要求，但必须保证传输数据的正确性。USB 控制传输主要用于 USB 主机和设备之间的配置信息互通，配置信息包括设备的地址、设备描述符和接口描述符等。用户也可以自定义操作来传输自定义用途的数据。

USB 协议中为控制传输保留了一定的总线带宽，并且 USB 主机的系统软件可以为其动态地调整所需要的帧或者微帧时间，以确保尽快进行控制传输。另外，USB 协议中还使用差错控制和重传机制保证控制传输数据的正确性和可靠性。

USB 协议中规定所有的 USB 设备都支持控制传输的方式，任何 USB 设备都必须在端点 0 的默认管道中支持控制传输。USB 系统软件将通过该管道访问 USB 设备的状态，并对 USB 设备进行配置。除了端点 0 以外，其他的端点可以支持控制传输。但是嵌入式微控制器对标准做了裁剪，基本都以端点 0 为唯一的控制传输端点。

对于默认的控制端点 0，其最大传输数据包长度的信息包含在设备描述符 wMaxPacketSize 字段中。USB 设备上电时，USB 主机的系统软件将首先读取设备描述符的前 8 个字节，并得到默认控制端点所支持的最大数据包长度的信息。在以后的控制事务通信过程中，就以这个描述符中的数据为最大长度。

1. 数据包长度

在 USB 协议中，不同速率的端点对控制传输的最大数据包长度的要求不同。在 USB 设备的描述符中有针对控制端点的描述部分，其中 wMaxPacketSize 字段定义了控制传输支持的最大数据包的长度：

- 对于低速端点，该最大值为 8 字节。
- 对于全速端点，可以选择 8 字节、16 字节、32 字节或者 64 字节。
- 对于高速端点，只能为 64 字节。
- 对于默认的控制端点 0，其最大传输数据包长度的信息包含在设备描述符 wMaxPacketSize 字段中。当 USB 设备上电时，USB 主机的系统软件将首先读取设备描述符的前 8 个字节，并得到默认控制端点所支持的最大数据包长度的信息。在以后的控制事务通信过程中，就以这个描述符中的数据为最大长度。

2. 事务处理

USB 控制传输的事务处理过程包含建立、数据和状态 3 个阶段，每个阶段都由特定的事务组成。USB 控制传输的实例如图 1-10 所示。

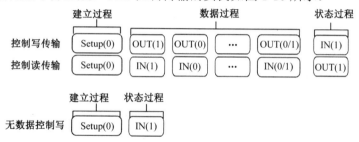

图 1-10　控制传输实例

在控制事务处理的建立阶段，USB 主机采用 Setup 事务向 USB 设备发送控制请求，建立阶段的数据包处理如图 1-11 所示。

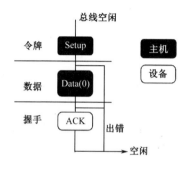

图 1-11　Setup 事务处理

Setup 事务的数据字段长度为 8 字节，如表 1-5 所示。

表 1-5　Steup 事务中数据字段的格式

地址偏移量	字 段 名	长度（字节）	备　注
0	bmRequestType	1	指明 USB 控制器请求的属性。 该字段的 D7 表示数据传输的方向： 　-- 0 表示主机到设备 　-- 1 表示设备到主机 D6-D5 表示主机发送控制请求的类型： 　-- 0 为标准 USB 请求 　-- 1 为设备类定义请求 　-- 2 为供应商自定义请求 D4-D0 位表示该控制事务的接收方： 　-- 0 表示设备 　-- 1 表示接口 　-- 2 表示端点 　-- 3 表示其他
1	bRequest	1	USB 控制请求的请求号
2	wValue	2	USB 控制器请求的参数
4	wIndex	2	USB 控制请求的参数，可以指向的端点或者接口
6	wLength	2	控制事务数据阶段所需要传输数据的字节数

在 USB 控制传输事务中，数据阶段是可以选择的。数据阶段负责传输具有 USB 定义格式或者设备类、供应商自定义格式的数据。数据阶段可以发出一个或者多个 IN/OUT 事务，数据阶段传输的方向和长度均在建立阶段由描述符指定。

控制事务处理的最后一个阶段是状态阶段，由一个 IN 事务和一个 OUT 事务组成。在状态阶段中，USB 设备向主机报告控制事务建立阶段和数据阶段的传输结果。USB 控制传输的报告方向是从 USB 设备到主机的，表 1-6 列出了控制传输的状态阶段和响应。

表 1-6　控制传输状态阶段的响应

USB 设备状态	控制 OUT 传输 （在数据阶段发送）	控制 IN 传输 （在握手阶段发送）
设备忙	NAK 握手包	NAK 握手包
设备有错误	STALL 握手包	STALL 握手包
设备成功处理	零长度的数据包	ACK 握手包

1.4.2　批量传输

USB 批量传输（又称块传输）只能用于高速或者全速 USB 设备，适合传输大量的数据，但对传输时间和速率均无特别的要求。

打印机和扫描仪等设备适用批量传输类型，这类设备对数据的正确性有着很高的要求，但是对数据的通信速率要求不高。

批量传输可以动态地改变传输速率。当 USB 总线带宽不足时，硬件会自动为其他传输类型让出批量传输所占用的帧/最小时间，本身的数据传输将被延迟；当 USB 总线空闲时，批量传输会占用很高的传输速率，占用的传输时间变短。

批量传输采用差错控制和重传机制来确保数据传输的正确性和可靠性。

1. 数据包长度

在 USB 协议中，批量传输端点描述符中的 wMaxPacketSize 字段表示该批量传输事务支持的最大数据包长度。

● 对于全速端点：可以为 8 字节、16 字节、32 字节或者 64 字节。

● 对于高速端点：可以为 8 字节、16 字节、32 字节、64 字节或者 512字节。

在数据传输过程中，如果批量传输的数据大小大于端点所支持的最大数据包长度，则 USB 主控制器会把该数据包分成多个批量传输事务来处理。传输的每个批量数据的长度为最大数据包长度，最后一个批量传输事务负责传输剩余的数据，其长度可以小于或者等于最大的数据包长度。

2. 事务处理

USB 批量传输过程包括令牌、数据和握手 3 个阶段，如图 1-12 所示。

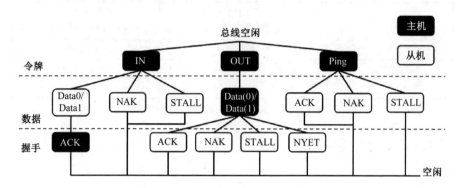

图 1-12　批量事务传输格式

USB2.0 协议使用特有的数据触发机制保证数据包发送和接收的同步。数据触发机制是通过 USB 数据触发位和 DATA0/DATA1 数据包的匹配实现的。如图 1-13 所示，在 USB 设备上电配置的时候，所有的批量传输数据触发位都被初始化为 0。批量传输事务中，第一个数据包使用 DATA0，第二个数据包则使用 DATA1，此后的数据传输交替使用数据包 DATA0 和 DATA1，也就是所谓的双缓冲机制，以提高大数据量的吞吐效率。在图 1-13 中，括号内的数据代表 USB 设备数据触发位的值。

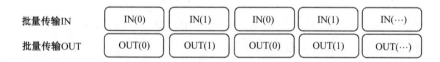

图 1-13　数据触发机制

根据数据传输的方向，批量传输有不同的事务处理格式。

- 当 USB 主机需要接收数据时，它向 USB 设备发送一个 IN 令牌包。
- 当 USB 主机准备发送数据时，它将向 USB 设备发出一个 OUT 令牌包和一个 DATAx 数据包。

USB2.0 批量传输事务端点是单向的，即 IN 或 OUT。如果 USB 设备需要双向批量传输，则需要使用两个批量传输端点，一个批量传输端点用于 IN 传输，另一个用于 OUT 传输。

1.4.3　中断传输

USB 中断传输适用于低速、全速，适用于较少或者中等数据量及对事务处理周期有要求的数据传输。例如，鼠标、键盘等 USB 设备适用于中断传输，这类设备传输的数据量比较少但响应时间要快。

USB2.0 协议中为中断传输保留了总线带宽，以保证数据能够在规定的时间内完成传输。USB 中断传输的传输速率不一定是固定的，使用差错控制和重传机制来确保中断传输的正确性和可靠性。

1. 数据包长度

在 USB 协议中，不同速率的端点对中断传输的最大数据包长度要求不同。中断传输端点描述符中的 wMaxPacketSize 字段表示该中断传输所支持的最大数据包长度。

● 对于低速端点：最大值必须小于等于 8 字节。

● 对于全速端点：最大值必须小于等于 64 字节。

● 对于高速端点：最大值必须小于等于 1024 字节。

如果待传输的数据量大于协议所支持的最大数据包长度，则 USB 主机会将数据传输分成多个中断事务传输处理。除了最后一个中断传输事务外，之前的每个中断传输事务的数据包的长度都等于规定的最大长度。最后一个中断事务处理将负责传输剩余的数据，包长可能小于也可能等于最大包长度。

2. 事务处理

USB 中断事务处理，包括 IN 传输和 OUT 传输，具有令牌、数据和握手 3 个阶段，如图 1-14 所示。

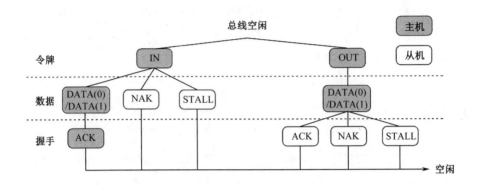

图 1-14　中断传输事务

根据数据传输的方向，中断传输有不同的事务处理格式。

● 当主机准备接收设备的中断传输时，主机会发出 IN 令牌包，USB 设
　备将向其返回 DATAx 数据包、NAK 或 STALL 握手包。

● 当主机准备向设备发送中断数据时，主机会发出 OUT 令牌包和
　DATAx 数据包，而 USB 设备将向主机返回 ACK、NAK 和 STALL 握
　手包。

在 USB2.0 协议中，USB 的中断传输事务处理是单向的。USB 设备的描
述符中关于中断端点的描述部分会指出其对应管道要支持的传输方向，即 IN
或 OUT。管道是针对主机来讲的，实质是一条传输数据流的通道。当 USB
总线实际传输数据时，必须使用数据触发机制来保证数据包发送和接收同步，
以便发送方能够确认其数据已经被成功接收。

1.4.4　同步传输

USB 同步传输只能用于全速或者高速 USB 设备，适用于传输大量、速率
恒定且对数据服务周期有要求的数据。类似音频设备和视频设备适用于同步
传输。

在 USB 协议中，为同步传输保留了总线带宽，保证其在每一帧或者每一
微帧中都能得到服务。同步传输将一直使用固定的传输速率，因此其传输时

间是确定的、可以预测的。此外，为了确保数据传输的及时性，同步传输没有采用差错控制和重传机制，即同步传输不能保证每次传输的数据是没有错误的。

1. 数据包长度

在 USB 协议中，不同速率的端点对同步传输最大数据包长度的要求不同。在 USB 同步传输中，USB 设备会对使用同步传输的端点进行配置，其中，wMaxPacketSize 字段设定了同步传输事务所支持的最大数据包长度。

- 对于全速端点，该字段最大值必须小于或者等于 1023 字节。
- 对于高速端点，该字段最大值必须小于或者等于 1024 字节，且高带宽端点可在每一微帧中进行 2 个或 3 个高速同步事务。

在 USB 同步传输系统中，USB 主控制器必须能够支持最大数据包长度 0～1023 字节（全速同步传输）和最大长度为 1～1024 字节（高速同步传输）。

2. 事务处理

一个完整的 USB 同步传输包括 IN 传输和 OUT 传输。同步传输具有令牌和数据两个阶段，没有握手阶段，如图 1-15 所示。同步传输根据数据的传输方向有不同的事务处理格式。

- 当 USB 主机接收同步数据时，主机将发出 IN 令牌包，USB 设备返回 DATAx 令牌包。
- 当 USB 主机发送同步数据时，主机将发出 OUT 令牌包和 DATAx 数据包。

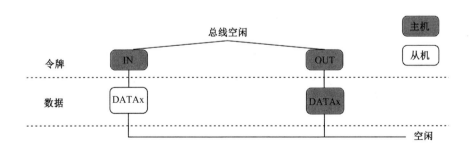

图 1-15　同步传输事务

USB 的同步传输事务处理是单向的，在 USB 的程序中，USB 设备的同步端点描述符会指出其管道所支持的传输方向，即 IN 或 OUT。如果需要双向数据传输，则需要采用两个端点分别实行 IN 和 OUT 数据传输。

1.5 USB2.0 设备

USB 设备分成底层、中间层、顶层等三层。

- 底层为总线接口，负责数据的发送和接收，和物理传输相关。
- 中间层负责处理 USB 总线接口和各功能设备端点之间的数据传输。
- 顶层实现 USB 设备特定的功能，如鼠标或者 CDC 这样的接口。

本节的内容与 USB2.0 白皮书中的第 9 章相关，有意深究的读者可以翻阅 USB 白皮书。

1.5.1 USB 设备状态

USB 设备具有多种状态，一些 USB 设备的状态对主机是可见的，当然也有 USB 主机不可感知的设备状态。USB 设备的状态如表 1-7 所示，该表总结了 USB 设备对主机可见的状态，包括连接、上电、默认、地址、配置和挂起状态。图 1-16 分析了这些状态之间的状态关系。

表 1-7 USB 设备可见状态

连 接	上 电	默 认	地 址	配 置	挂 起	状态说明
否	—	—	—	—	—	设备尚未连接到主机
是	否	—	—	—	—	设备连接到主机，但未上电
是	是	否	—	—	—	设备连接到主机并上电，但尚未被复位
是	是	是	否	—	—	设备连接到主机并上电后完成复位，但是没有分配唯一的地址，默认使用缺省地址

续表

连 接	上 电	默 认	地 址	配 置	挂 起	状态说明
是	是	是	是	否	—	设备连接到主机并上电后完成复位和地址分配,但尚未配置
是	是	是	是	是	否	设备连接到主机并上电后完成复位、地址分配和配置操作,但尚未挂起。此时,主机可以使用该设备所提供的功能
是	是	—	—	—	是	设备连接到主机并上电,当在 3ms 内没有检测到总线活动时,设备进入挂起状态; 当设备处于默认、地址和配置状态时,也能进入挂起状态; 当设备处于挂起状态时,主机不能使用该设备提供的功能

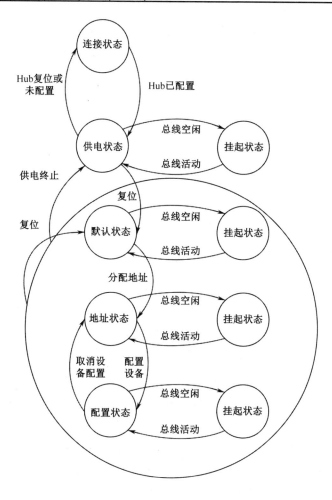

图 1-16 USB 设备状态转换

下面针对各个 USB 设备可见状态做详细的描述。

（1）连接状态。USB 设备可能连接到 USB 总线上，也可能已经移除。USB 设备需要先与主机建立物理上的连接。如果 USB 设备连接到主机，就处于连接状态。

（2）上电状态。USB 设备可以从 USB 的 V_{BUS} 上获取电源，或者通过外部电源获取电源。通过外部电源供电的设备称为自供电（Self-powered）设备，通过 V_{BUS} 供电的设备称为总线供电（Bus-powered）设备。对于自供电设备，在连接到主机之前，设备已经通电，但此时设备并不是 USB 协议定义的供电状态，只有 V_{BUS} 有电后，才进入供电状态。

当 USB 设备不直接与 USB 主机相连，而通过集线器间接连接到 USB 主机时，只有对应的集线器端口被主机配置使能之后，集线器端口才会向 USB 设备的 V_{BUS} 线供电。当集线器端口复位时，端口在被重新配置之前都不会向 V_{BUS} 线供电，相应的 USB 设备的状态也将变为连接状态。

（3）默认状态。USB 设备进入供电状态后，在被复位之前，不能响应总线上的任何事务（Transaction）。只有当 USB 设备复位且处于默认状态后，才会响应主机发送过来的请求。

（4）地址状态。在 USB 设备被复位后，且在 USB 主机给 USB 设备设置一个新的地址之前，所有的 USB 设备使用默认的 0 地址与主机通信。USB 设备收到主机发送的设置地址 SetAddress() 请求后，USB 设备就会得到一个唯一的地址。USB 设备会保存并使用该地址与主机通信，直到设备被复位或者断开。即使 USB 设备在获取唯一的地址之后进入挂起状态，设备依然会保留这个地址，并在总线恢复后继续使用该地址。在设备挂起期间，主机也不能把该地址分配给其他的 USB 设备。

指定了新的地址的 USB 设备在收到 USB 主机发出的复位信号后会进入默认状态，之前指定的地址也将无效，USB 设备需要 USB 主机重新分配地址。

（5）配置状态。在 USB 设备的功能能够使用之前，USB 设备和 USB 主机必须协商确定与功能相关的配置项，所有的配置项均以描述符的形式提供。USB 主机通过获取描述符 GetDescriptor() 请求获得 USB 设备相关的描述符，通过设置接口 SetInterface() 和设置配置 SetConfiguration() 来设置设备的相关配置项。一旦相关功能参数被配置后，USB 设备就能正常工作了。

正常工作的 USB 设备在收到 USB 主机发出的复位信号后会进入默认状态，之前所指定的地址、所配置的接口（Interface）和配置项（Configuration）都将无效，需要由 USB 主机重新指定设备地址，获取描述符并配置相关配置项才能使设备再次工作。

（6）挂起状态。挂起/恢复是 USB 协议实现低功耗的一种机制。除了设备的连接状态，在其他状态下，当 USB 总线持续 3ms 没有活动时，设备就会自动进入挂起状态。进入挂起状态后，USB 设备要维持所有的内部状态，如软件的状态机，以及设备的地址、配置项等。

■ 1.5.2　USB 总线枚举

USB 总线枚举（Enumeration）实际就是主机获取从机设备参数并配置的过程。USB 使用总线枚举操作来管理 USB 设备的连接和断开。当 USB 设备接入主机后会确定设备的速度类型，以便确保通信双方在相同的速度模式下工作，待主从双方步调（速度模式）统一后，USB 枚举才会开始。USB 主机会获得 USB 设备提供的描述符并根据描述符为设备分配并配置好通信用的管道。

当枚举结束时，USB 设备将会使用在枚举过程中 USB 主机所配置的参数进行工作，从而确保通信双方使用相同的参数。可配置的参数可以在后续的通信过程中根据需要进行修改。

■ 1.5.3　描述符

描述符（Descriptor）相当于 USB 设备的名片，包含设备所有的属性和可配置信息，如设备所属于的类（Class）、接口（Interface）信息、端点（Endpoint）信息等。USB 主机获得了设备的描述符，就知道了该设备的类型和用途、通信的参数等，主机就可以根据这些 USB 设备的信息对自己进行配置，使得通信双方使用相同的参数工作。

标准的 USB 设备有 6 种常用的 USB 描述符：设备描述符、配置描述符、字符串描述符、接口描述符、端点描述符、设备限定描述符。另外还有一种特殊的描述符叫作接口关联描述符，用于将一组有关的描述符关联起来共同描述一个特定的功能。图 1-17 所示是设备描述符、配置描述符、接口描述符、端点描述符、接口关联描述符之间的关系。

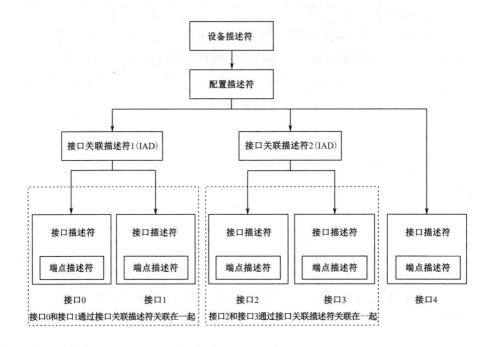

图 1-17　USB 描述符结构框架

在图 1-17 中，接口 0 和接口 1 通过接口关联描述符 1 关联在一起共同描述一个功能；接口 2 和接口 3 通过接口关联描述符 2 关联在一起共同描述另一个功能；而接口 4 单独描述其他的一个功能。设备描述符指明了该设备有几个配置描述符，每个配置描述符都分别指明了该配置描述符中的接口描述符，而接口描述符指明了该接口有几个端点描述符。当主机需要获取配置描述符时，该配置描述符拥有的接口描述符和端点描述符的所有信息都一并返回。在同一个配置描述符中的多个功能（由一个或多个接口描述符描述）能够同时工作，但是如果 USB 设备存在多个配置描述符，USB 主机会通过 SetConfiguration()使用其中一个，其他的配置描述符中所描述的功能则不能工作。

1. 设备描述符（Device Descriptor）

一个设备有且只有一个设备描述符。设备描述符描述了设备的基本属性，设备描述符的字段如表 1-8 所示。

表 1-8　USB 设备描述符

偏移量	字　　段	长度（字节）	字段描述
0	bLength	1	设备描述符长度
1	bDescriptorType	1	描述符类型为设备描述符
2	bcdUSB	2	该设备描述符的 USB Spec 版本
4	bDeviceClass	1	USB 设备的类号
5	bDeviceSubClass	1	USB 设备的子类号
6	bDeviceProtocol	1	该设备的协议
7	bMaxPacketSize	1	端点零的最大包长度（只有 8,16,32,64 是有效的）
8	idVendor	2	供应商 ID
10	idProduct	2	产品 ID
12	bcdDevice	1	该 USB 设备的版本号
14	iManufacturer	1	制造商的字符描述符索引
15	iProduct	1	产品的字符串描述符索引
16	iSerialNumber	1	设备的序列号字符串索引
17	bNumConfigurations	1	该设备支持的配置数目

在设备描述符中只会给出这个设备所支持的配置描述符（Configuration Descriptor）的数量，设备的配置描述符的索引从 1 开始，当设备的配置描述符有 2 个时，这 2 个配置描述符的索引分别是 1 和 2。USB 主机就是使用这个索引作为 GetDescriptor（Configuration）的参数来分别获取对应的设备的配置描述符。

2. 配置描述符（Configuration Descriptor）

配置描述符定义了设备的一种配置信息，一个设备可以有一个或者多个配置描述符。配置描述符的字段如表 1-9 所示。

表 1-9　USB 配置描述符

偏 移 量	字 段	长度（字节）	字段描述
0	bLength	1	配置描述符长度为 9 字节
1	bDescriptorType	1	描述符类型为配置描述符
2	wTotalLength	2	配置描述符的总长度，包括接口描述符和端点描述符
4	bNumInterfaces	1	该配置支持的接口数目
5	bConfigurationValue	1	主机用 SetConfiguration()选择该配置时配置号
6	iConfiguration	1	描述该配置的字符串索引
7	bmAttributes	1	配置属性
8	bMaxPower	1	USB 设备在该配置下消耗的最大电流

配置描述符包括了 USB 设备配置的基本信息，如设备的接口描述符的个数、配置描述符的长度、供电属性等。

配置描述符的长度（wTotalLength）描述了该配置描述符的总长度（包括该描述符本身的长度，以及配置描述符中所有接口描述符和端点描述符的总长度）。

接口数目（bNumInterfaces）表示这个配置有多少个接口描述符，这些接口是控制接口和非控制接口的合集。

配置描述符的配置号信息由 bConfigurationValue 决定，主机就是根据这个值决定在 SetConfiguration()时给设备选择设置哪个配置描述符，并让设备处于该配置的工作状态。

bmAttributes 代表配置的某些特殊属性，字节的第 5 位代表该设备是否支持远程唤醒（Remote Wakeup），第 6 位代表该设备是否支持自供电。

bMaxPower 代表了设备在该配置下消耗的最大电流，以 2mA 为单位。当 bMaxPower 的值为 25 时，代表设备在该配置下消耗的最大电流为 50mA（25× 2mA）。USB 设备多个配置描述符中接口数目不尽相同，bMaxPower 也有可能不一样。USB 主机会根据设备在某种配置下 bMaxPower 的值来查看其是否有足够的电流可以提供，最终决定该设备的某种配置是否可用，如果某个设备的所有配置因为 USB 主机无法提供足够电流而不可用，该设备将无法正常工作。

当主机需要获取配置描述符时，该配置描述符所拥有的接口描述符和端点描述符都一并返回。

3. 接口描述符（Interface Descriptor）

接口描述符位于配置描述符中，指明了某个特殊的 USB 类的接口。接口描述符通过端点完成数据传输，实现特定类的特定功能。例如，一个设备既有扬声器又有麦克风的功能，那它就至少有两个音频接口。接口描述符的字段内容如表 1-10 所示。

表 1-10　USB 接口描述符

偏 移 量	字　段	长度（字节）	字段描述
0	bLength	1	配置描述符长度为 9 字节
1	bDescriptorType	1	描述符类型为接口描述符
2	bInterfaceNumber	1	接口描述符识别号
3	bAlternateSetting	1	该接口的可替换设置号
4	bNumEndpoints	1	除了端点 0 外，该接口所使用的端点数目
5	bInterfaceClass	1	该接口实现的 USB 类
6	bInterfaceSubClass	1	该接口实现的 USB 子类
7	bInterfaceProtocol	1	该接口实现的协议
8	iInterface	1	描述该接口的字符串索引

接口描述符包括了该接口的识别号（bInterfaceNumber）、接口的可替换设置号（bAlternateSetting）、端点数目、类和子类、协议等。接口的可替换设置 0 不包含传输端点，其他的可替换设置包含传输端点。当 USB 设备存在多个可替换设置时，USB 主机通过 SetInterface() 来指定某个接口的可替换设置（Alternate Setting）。如果 USB 主机没有使用 SetInterface() 来指定接口的可替换设置，通信双方默认使用可替换设置 0。端点数目（bNumEndpoints）就是该接口描述符所有支持端点的数目，不包括控制端点 0。

4. 端点描述符（Endpoint Descriptor）

端点描述符包括该端点地址、属性、支持的最大包长度、传输时间间隔等。在主机获取配置描述符时，端点描述符和接口描述符一起返回。端点描述符字段如表 1-11 所示。

表 1-11　USB 端点描述符

偏 移 量	字　段	长度（字节）	字段描述
0	bLength	1	配置描述符长度为 9 字节
1	bDescriptorType	1	描述符类型为端点描述符
2	bEndpointAddress	1	端点地址
3	bmAttributes	1	端点的属性
4	wMaxPacketSize	2	端点的最大传输包长度
6	bInterval	1	端点的数据传输间隔

端点地址（bEndpointAddress）字节的第 0～3 位代表该端点所使用的地址，第 7 位代表该端点是用作输入（IN）还是输出（OUT）端点。端点属性（bmAttributes）的第 0 位和第 1 位代表该端点支持的 4 种传输属性。如果该端点属于 ISO 端点，属性的第 2 位和第 3 位代表该 ISO 端点的数据同步属于同步、异步、自适应还是无同步类型，属性的第 4 位和第 5 位代表该 ISO 端点属于数据传输端点还是反馈端点。传输时间间隔（bInterval）代表该端点的数据传输间隔了几个帧/微帧，计算方法为 $2^{bInterval-1}$ 个帧/微帧。

5. 字符串描述符（String Descriptor）

字符串描述符是可选的。如果一个设备不支持字符串描述符，需要将设备描述符、配置描述符、接口描述符中的字符串索引值设成零，字符串描述符用 UNICODE 编码。

主机获得设备的某个字符串描述符分两条命令：首先，主机发送 USB 标准命令 GetDescriptor()，其中所使用的字符串的索引值为 0；然后，设备返回一个零字符串描述符，具体描述符的内容如表 1-12 所示。

wLANGID[0]～WLANGID[x]代表该设备支持的语言，可以从 USB 设备语言 ID 规范中获得具体值，典型值 0x0409 代表英语。主机根据自己是否支持该语言，再次发出 USB 标准命令 GetDescriptor()，指明所要求得到的字符串的索引值和语言。这次设备所返回的是 UNICODE 编码的字符串描述符，UNICODE 字符串描述符的字段如表 1-13 所示。

表 1-12　字符串描述符，确定设备支持的语言

偏 移 量	字　　段	长度（字节）	字段描述
0	bLength	1	描述符的长度
1	bDescriptorType	1	描述符类型为字符串描述符
2	wLANGID[0]	2	字符串的语言 ID0
⋮	⋮	⋮	⋮
N	wLANGID[x]	2	字符串的语言 IDx

表 1-13　UNICODE 字符串描述符

偏 移 量	字　　段	长度（字节）	字段描述
0	bLength	1	描述符的长度
1	bDescriptorType	1	描述符类型为字符串描述符
2	bString	N	UNICODE 字符串

6. 接口关联描述符（Interface Association Descriptor）

对于复合 USB 设备的接口描述符，可以在每个类（Class）要合并的接口描述符之前加一个接口关联描述符（IAD），其作用就是把多个接口定义成一个类设备。接口关联描述符的定义如表 1-14 所示。

表 1-14　接口关联描述符

偏 移 量	字　　段	长度（字节）	字段描述
0	bLength	1	接口关联描述符的长度
1	bDescriptorType	1	描述符类型为接口关联描述符
2	bFirstInterface	1	该接口关联描述符所关联的第一个接口号
3	bInterfaceCount	1	接口关联描述符所拥有的连续接口数
4	bFunctionClass	1	接口关联描述符的功能所实现的 USB 类
5	bFunctionSubClass	1	接口关联描述符的功能所实现的 USB 子类
6	bFunctionProtocol	1	接口关联描述符的功能所实现的 USB 协议
7	iFunction	1	功能的字符串索引

bFirstInterface 代表起始的接口编号，bInterfaceCount 代表属于这个 IAD 的接口数目，编号中间不能有间隔。在一个类的所有合并接口都结束之后，

第二个类的所有需要合并的接口又以 IAD 开始。IAD1 的 bFirstInterface 为 0，bInterfaceCount 为 2；IAD2 的 bFirstInterface 为 2，bInterfaceCount 为 2。

7. 设备限定描述符（Device Qualifier Descriptor）

设备限定描述符用于描述一个能够同时支持高速和全速模式的 USB 设备工作在另一个模式时的设备信息。例如，当设备在全速模式下工作时，设备限定描述符返回它工作于高速模式下的信息（如果设备在高速模式下工作时，设备限定描述符返回它工作于全速模式下的信息）。如果一个设备能够同时支持高速模式和全速模式，并且其在高速模式下和全速模式下信息有所不同，则它必须支持设备限定描述符。

设备限定描述符定义如表 1-15 所示。

表 1-15 设备限定描述符

偏移量	字段	长度（字节）	字段描述
0	bLength	1	设备限定描述符的长度
1	bDescriptorType	1	描述符类型为设备限定描述符
2	bcdUSB	2	USB 规范版本号
4	bDeviceClass	1	设备限定描述符所实现的 USB 类
5	bDeviceSubClass	1	设备限定描述符所实现的 USB 子类
6	bDeviceProtocol	1	设备限定描述符所实现的 USB 协议
7	bMaxPacketSize	1	对于其他速度最大包长度
8	bNumConfigurations	1	其他速度的配置数目
9	bReserved	1	保留

主机同样发出 USB 标准命令 GetDescriptor()，指明所需要获得的设备限定描述符。如果一个只支持全速模式的设备收到一个获取设备限定描述符的命令，需要告诉主机这是个错误请求。

8. 其他速度模式下的配置描述符（Other_Speed_Configuration Descriptor）

其他速度模式下的配置描述符与普通描述符是完全相同的，一般与设备限定描述符一起使用来描述在其他速度模式下设备的配置信息。

1.5.4　设备请求

　　USB 主机通过向 USB 设备发送设备请求（Device Request）用来获取 USB 设备的信息和对 USB 设备进行相关配置。设备请求由长度为 8 字节的 Setup 数据指定，方向总是从 USB 主机向 USB 设备。

　　表 1-16 给出了 Setup 数据的各字段的描述

表 1-16　Setup 数据各字段

偏 移 量	字　段	长度（字节）	字段描述
0	bmRequestType	1	第 7 位：数据传输方向。0—主机到设备；1—设备到主机 第 5、6 位：请求类型。0—标准设备请求；1—类请求；2—制造商 第 0~4 位：接收者。0—设备；1—接口；2—端点
1	bRequest	1	特定功能的设备请求
2	wValue	2	根据设备请求的不同而不同
4	wIndex	2	根据设备请求的不同而不同
6	wLength	2	数据阶段要传输的数据长度

　　其中，bRequest 字段指明了 USB 设备请求的类型，包括标准设备请求、设备类请求和制造商自定义请求。标准设备请求包括获取描述符 GetDescriptor()、设置地址 Set_Address()、设置设备的配置描述符 Set_Congfiguration()、获取状态 Get_Status()等。其中，获取描述符包括获取 USB 设备的设备描述符、配置描述符、接口描述符、端点描述符及可选的字符串描述符等。对于获取各个描述符的请求（Request），其 bmRequestType 字段是一样的（8'b10000000），确定了数据阶段的数据传输方向是 USB 设备到 USB 主机，请求类型是标准设备请求，接收者为 USB 设备；其 bRequest 字段确定了该请求是用于获取描述符（0x06）；其 wValue 字段确定了请求的描述符类型，例如，0x01 代表设备描述符，0x02 代表配置描述符，0x03 代表字符串描述符等；wIndex 字段确定了请求的描述符的语言 ID；wLength 字段确定了请求的描述符的长度。

　　USB2.0 规范中定义了 11 种标准的设备请求，如 GetDescriptor，SetInterface 等，通过相应的请求来完成 USB 设备的配置工作。表 1-17 列举了设备请求的类型、请求号和功能说明。有些请求是 USB 设备必须具备的功能，如 SetAddress，SetConfiguration 等。除此之外，设备类和供应商也可以自己定义设备专用的请求，这种请求称为设备类定义请求和供应商自定义请求，如 GetPortStatus 就是一个集线器设备类的请求。

表 1-17　标准 USB 设备请求

请求名	请求号	功　能
GetStatus	00H	读取设备、接口或者端点的状态
ClearFeatures	01H	清除或者禁止设备、接口或者端点的某些特性
SetFeatures	03H	设置或者使能设备、接口或者端点的某些特性
SetAddress	05H	分配设备地址
GetDescriptor	06H	读取指定的描述符
SetDescriptor	07H	更新已有的描述符或者添加新的描述符
GetConfiguration	08H	读取 USB 设备当前的配置值
SetConfiguration	09H	为 USB 设备选择一个适合的配置
GetInterface	0AH	读取指定接口当前可替换的配置信息
SetInterface	0BH	为指定接口选择一个适合的可替换的设置
SynchFrame	0CH	读取同步端点所指定的帧序号

标准的设备请求和自定义请求只能通过控制管道传输。USB 设备在控制传输的 Setup 事务中返回 ACK 握手包后，就可以处理这些请求操作，必须在状态结束阶段结束之前完成（SetAddress 请求除外，该请求是在状态阶段结束之后才改变设备的地址）。

有些请求操作需要的时间较长，不能由状态阶段来定义其结束，需要另外定义一种办法。例如，SetPortFeature 请求产生的复位操作需要持续 10ms 才能完成，当端口复位刚刚开始时，其状态阶段就结束了，此时集线器或者主机使用端口状态的改变来标识该复位操作的完成。

当 USB 设备接收到主机的这些请求后，应及时处理并且响应。对于不需要数据阶段的控制请求，设备必须在接收到请求后的 50ms 内完成指定的动作并且结束此次控制传输的状态阶段。对于需要向主机返回数据的控制请求（包含 IN 数据阶段），设备必须在收到请求后 500ms 内返回第一个数据包，之后的数据包也必须在前一个数据包传输结束后的 500ms 内返回，并且设备必须在返回最后一个数据包后的 50ms 内完成此次控制传输的状态阶段。对于需要向设备发送数据的控制请求（包含 OUT 数据阶段），则必须在 5s 内完成所有的传输，包括 USB 设备接收到主机发出的全部数据，并且完成此次控制传输的状态阶段。

当 USB 设备接收到无效的或者不支持的控制请求时，它会对该事务处理的数据阶段和状态阶段返回 STALL 握手包，该错误状态会在其接收到新的 Setup 令牌包时自动恢复。但如果出现错误，导致设备不能使用默认的控制管道与主机通信，则设备必须被复位才能清除其错误的状态。

表 1-18 给出了 USB2.0 协议中所有的 USB 标准设备请求。

表 1-18　USB 标准设备请求

bmRequestType	bRequest	wValue	wIndex	wLength	返回数据
8'b00000000 8'b00000001 8'b00000010	CLEAR_FEATURE	特性选择字	0 接口号 端点号	0	无
8'b10000000	GET_CONFIGURATION	0	0	1	Configuration 值
8'b10000000	GET_DESCRIPTOR	描述符类型和索引	0 或语言 ID	描述符长度	描述符
8'b10000001	GET_INTERFACE	0	接口号	1	接口的可交换设置值
8'b10000000 8'b10000001 8'b10000010	GET_STATUS	0	0 接口号 端点号	2	设备状态 接口状态 端点状态
8'b00000000	SET_ADDRESS	USB 设备地址	0	0	无
8'b00000000	SET_CONFIGURATION	Configuration 值	0	0	无
8'b00000000	SET_DESCRIPTOR	描述符类型和索引	0	描述符长度	描述符
8'b00000000 8'b00000001 8'b00000010	SET_FEATURE	特性选择字	0 接口号 端点号	0	无
8'b00000001	SET_INTERFACE	接口的可交换设置值	接口号	0	无
8'b10000010	SYNCH_FRAME	0	端点号	2	帧号

对于 SET_FEATURE 和 CLEAR_FEATURE 这两种请求，其特性选择字（Feature Selector）如表 1-19 所示。

表 1-19　特性选择字

特性选择字	接收者	值
ENDPOINT_HALT	端点	0
DEVICE_REMOTE_WAKEUP	USB 设备	1
TEST_MODE	USB 设备	2

■1.5.5　枚举过程

USB 设备状态从初始的连接状态到最终的配置状态的变化过程就是整个枚举流程。在 USB2.0 协议中，USB 设备的状态变迁都是由 USB 主机发起的请求（Request）所触发，这些请求是通过控制传输（Control Transfer）实现的。

枚举过程分以下几个阶段。

● USB 主机检测到 USB 设备插入后，就会先对设备进行复位操作。USB 设备在总线复位后的地址为 0，这时 USB 主机就可以通过地址 0 和接入的设备进行通信。USB 主机会首先向地址 0 的设备控制端点（端点 0）发送获取设备描述的请求。设备收到该请求后，按照设定好的参数将设备描述符发送给主机。主机在确认收到设备描述符的数据包后，会返回一个长度为 0 的数据确认包到 USB 设备，进而 USB 系统就会进入设置地址阶段。

● USB 主机在获取到设备描述符并发送完确认包后，会对设备进行第二次复位，之后便进入设置地址阶段。USB 主机向地址 0 的设备的控制端点发送一个设置地址的请求，新的 USB 设备地址包含在建立过程的数据包中。该地址由 USB 主机负责管理，主机控制器会分配唯一的地址给接入的 USB 设备，以保证总线上的设备没有冲突。USB 设备等待主机请求状态返回，收到输入令牌包后，设备会返回一个长度为 0 的状态数据包，如果主机收到这个状态数据包，就会发送应答 ACK 包给设备，设备收到应答包后，就会启动新的设备地址，主机就可以在新地址下对该设备进行访问。

● 在建立完设备地址后，主机会再次向设备获取设备描述符。这次与第一步中获取设备描述略有两点不同：一是主机用的是设备新的地址进行请求，而不是初始化的地址 0；二是本次会获取完整的设备描述符，即 18 个字节的设备描述符。

● 在主机第二次获取设备描述符成功更改后，主机会向设备获取配置描述符。配置描述符共 9 字节，主机在获得设备的配置描述符后，根据配置描述符中描述的配置数据集合的长度再获取配置的数据集合。

● 有些设备还有字符串描述符，主机会根据需求在枚举基本完成后向设备获取字符串描述符。

图 1-18 所示为 USB 枚举流程简介。

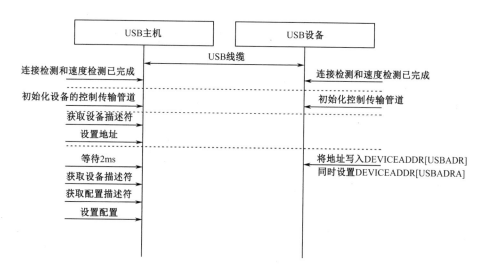

图 1-18　USB 枚举流程简介

一个 USB 设备的挂起分为两个阶段，挂起事件的产生和进入挂起状态。

当检测到 USB 总线空闲状态持续超过 3ms 时，设备的 USB 控制器就会产生挂起事件。设备必须在收到事件后的 7ms 内进入实际的挂起状态，即进入低功耗模式。挂起状态的主要表象是设备从 USB 的 V_{BUS} 上汲取的电流不超过 500μA。如果高功耗 USB 设备支持远程唤醒功能，那么该设备在总线挂起后从 USB 的 V_{BUS} 上汲取的电流不能超过 2.5mA。

在挂起后，总线上任何的非空闲状态都可以唤醒总线，如被动的 SE0 信号（如移除 USB 设备等）、复位信号和恢复信号等。恢复信号主要是由主机或者设备发起用于将总线从挂起状态唤醒。恢复信号时序是由两部分组成：不小于 20ms 的全速/低速的 K 状态和结束标志。在不同速度模式下，结束标志是不同的。主机和从机都可以发起总线恢复。

此处篇幅所限不做详细的讲解，有兴趣的读者可以参阅《微控制器 USB 的信号及协议实现》2.4 节。

1.6 USB2.0 主机

USB 主机的内容主要在 USB2.0 白皮书中的第 10 章中讲解。从应用系统角度看 USB 主机可以划分为 3 个层次，即 USB 总线接口、USB 系统软件（USB System）、客户软件（Client）。

从连接的角度看，USB 设备和主机都提供类似的 USB 总线接口，如串行接口引擎（Serial Interface Engine，SIE），但由于主机在 USB 系统中的唯一性，USB 主机的总线接口还须具备主控制器的功能，主控制器内部集成了根集线器（Root Hub），可以提供与扩展连接的功能。

USB 系统端使用主控制器来管理主机与 USB 设备的数据传输。USB 系统与主控制器之间是基于主控制器的硬件特性来实现数据传输的。USB 系统端处理的是客户端的数据传输及客户端与设备的交互，包括USB 的附加信息。USB 系统端还须管理系统资源，使客户端可以正常访问。

■ 1.6.1 USB 主机结构

在 USB 的系统中，只允许存在一个主机。主机是设备连接的起点，配置并控制与 USB 设备间的数据传输，图 1-19 所示为 USB 主机和设备之间的数据交互关系和各自对应的功能。

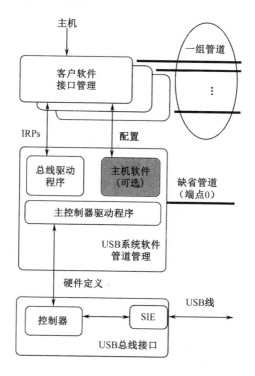

图 1-19 USB 主机结构

USB 系统有 3 个主要的组成部分，即主控制器驱动（Host Controller Driver）、USB 驱动（USB Driver）、主机软件（Host Software）。

主控制器驱动可以方便地将各种不同的主控制器映射到 USB 系统，用户不必知道设备到底接在哪个 USB 主控制器上就能与 USB 设备通信。USB 驱动提供了基本的、面向客户的主机接口。在主控制器驱动接口（Host Controller Driver Interface，HCD）和 USB 之间的接口称为主控制器驱动接口，这层接口用户不能直接访问。

客户层描述的是直接与 USB 设备进行交互所需要的软件包，当所有的设备都连接到系统上时，这些客户端就可以直接同设备进行通信。

USB 主机提供了如下功能。

● 检测 USB 设备的连接与断开。

- 管理 USB 主机和设备间的标准控制数据流。
- 管理 USB 主机和设备间的数据流。
- 收集 USB 总线状态和活动信息。
- 控制 USB 主控制器和 USB 设备间的物理电气接口，包括管理电源供给部分。

主控制器在 USB 主机和设备之间传递数据，这些数据为连续的字节流。每个设备具有一个或者多个接口用于客户端和设备间的数据传输，每个接口由一个或者多个在客户端和设备端点之间独立传输的通道组成。USB 驱动根据主机软件的请求来初始化这些通道和接口。当配置请求提出后，主控制器根据主机软件所提供的配置参数来提供服务。

每个通道给予的数据传输模式和请求具有如下特性。

- 数据传输速率。
- 数据以恒定速率还是随机速率传输。
- 在数据传输前是否延迟。
- 在数据传输中数据的丢失是否是灾难性的。

USB 主控制器一直处于随时接收状态变化及活动信息的状态，使软件或者硬件能及时处理这些状态的变化。

1.6.2 USB 主控制器功能

USB 主控制器的主机和设备都必须满足一定要求。主控制器所提供的功能包括状态处理（State Handling）、串行化和反串行化、产生帧/微帧（Frame/Micro Frame Generation）、数据处理、协议引擎、传输差错控制、远程唤醒、集线器。

1. 状态处理

作为 USB 主机的一部分，主控制器管理一系列的 USB 系统状态，提供"状态变化通知"和"根集线器"的状态接口，根集线器具有与 USB 设备一样的标准状态，主控制器支持这些状态并能够侦测到根集线器状态的变化。

任何一个设备的可见状态的改变都反映了设备相应的状态，这样可以保证主控制器与设备之间的状态是一致的。设备通过恢复信号请求唤醒，不但使设备恢复到已配置的状态，主控制器本身也相应地产生一个恢复请求事件。

2. 串行化和反串行化

USB 总线实际传输的数据是一系列的二进制比特流，而主控制器的串行化和反串行化功能是以字节流的形式进行物理形式的数据传输。无论主机还是设备，其串行接口引擎（SIE）均需要处理 USB 传输过程中串行化和反串行化工作。对于 USB 主机来讲，串行接口引擎是其主控制器的一部分。

3. 产生帧/微帧

主控制器将 USB 传输的时间以 1ms 为单位作为帧，这里的 1ms 是针对全速 USB 系统，对高速 USB 系统而言这个帧间隔时间为 125μs，规范称为微帧（MicroFrame），全速的主控制器以 1ms 的时间间隔产生起始帧（Start-of-Frame，SOF）标识，以示新的一帧开始（见图 1-20）。

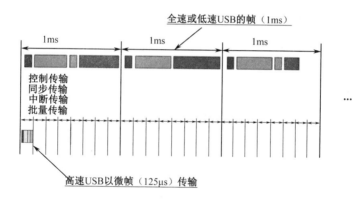

图 1-20　帧产生

SOF 标识是一帧的开始，在 SOF 标识后主控制器在该帧剩余的时间内传输其他的数据内容。当主控制器处于正常工作状态时，SOF 标识必须以固定的间隙连续发送而不管其他总线活动，当总线控制器处于不需要给总线提供能量的状态时，它不能产生 SOF 标识，当 USB 总线控制器不产生 SOF 标识时，它处于一种节能状态。

SOF 标识具有取得总线最高的优先权，并且 USB 主控制器必须允许 USB

每帧的时间长度相差±1bit 的时间，由于 USB 通信对时钟的精度（PPM）有一定的要求，而且微控制器内部集成的振荡器大部分的精度不高，所以大部分的 USB 应用都使用外部晶振。聪明的产品设计工程师们利用 SOF 帧的间隔时间去同步和调整微控制器内部振荡器的参数，使得内部振荡器产生的时钟精度可以满足全速 USB 通信所需要的时钟精度，这样对于全速 USB 设备的应用就可以节约外部的晶振及匹配电路，可以节约成本及 PCB 的面积，还能降低功耗。

主控制器同时还维护了一个帧序号，这个帧序号可以加在每帧的结尾处，用于区别两个帧数据，并且对于后继帧有效。主机在每一个 SOF 标识中只传输当前帧号的低 11 位，当接收到主控制器的请求时，主机返回请求发生时的帧序号。主控制器在 EOF 期间要停止一切传输操作，当 EOF 产生时，所有原定的在帧上传输的事务暂停。如果主控制器在传输的时候出现了 EOF，主控制器中止该项传输请求。

4. 数据处理

主控制器可以响应来自 USB 系统软件的数据并将其传送到 USB 总线上，或者从 USB 总线上接收数据并传输给 USB 系统软件，USB 系统软件和主控制器之间的通信接口格式依赖于 USB 主控制器的硬件，客户软件不能对其访问。

5. 协议引擎

主控制器负责管理USB协议接口，在输出的数据中加入适当的协议信息，解释和去除输入数据中的协议信息。

6. 差错控制

主控制器能够发现 USB 数据传输过程中的错误并且对其进行恢复操作，USB 数据传输错误包括总线超时、由于数据丢失或者传输异常造成的数据错误、不符合传输协议（如 PID 错误、EOP 失效等）。

对于批量传输、控制传输和中断传输事务这种支持重传机制的 USB 传输事务，当其数据传输出错时，主机会重新开始处理该事务，最多重试 3 次（应为传输过程中的错误而不是端口不响应的 NAK），如果重传超过 3 次，则主机停止传输。

同步传输事务不支持重传机制，所以同步传输事务只传输一次，并不理会结果。

7. 远程唤醒

如果 USB 系统希望总线置于挂起的状态，它将请求主控制器终止所有 USB 数据的传输，包括 SOF 令牌包，这将使 USB 系统中所有的设备进入挂起的状态。在这种状态下，主控制器可以对总线上的唤醒事件做出响应，并恢复 USB 数据传输。

8. 根集线器

根集线器为主控制器提供与一个或者多个 USB 设备连接的能力，除了与主控制器的接口由硬件定义外，根集线器提供与其他集线器一样的功能（感兴趣的读者可以参阅 USB2.0 白皮书的第 11 章）。

1.6.3　客户软件

客户软件负责和 USB 设备的功能单元进行通信，实现 USB 设备定义的功能。客户软件包括 USB 设备驱动程序和应用程序两个部分。

USB 设备驱动程序负责和 USB 系统软件接口进行交互，与 USB 设备功能模块进行通信。客户软件只知道 USB 设备建立通信对应的管道（Pipeline）或接口，不会理会传输的机制。USB 设备驱动程序使用 I/O 请求包（IRP）向 USB 总线驱动程序（USBD）发出请求，并根据数据传输的方向（IN 或者 OUT）提供一个内存缓冲区。总线驱动程序负责管理数据的传输，在传输结束后，它会得到该 IRP 已经完成的通知。USB 设备驱动程序不用调用总线驱动程序，也可以使用其他的软件接口（如设备类定义驱动程序）来与其功能单元进行通信，但总需要一个更底层的软件驱动向总线驱动层发出 IRP 请求。

应用程序负责与 USB 设备驱动程序的接口进行通信，用于在操作系统界面上操作 USB 设备。这是顶层的软件，建立在操作系统之上，只能看到向 USB 设备发送的原始数据和最终通过 USB 总线接收到的数据。

客户软件由应用开发人员开发，在恩智浦官方的 SDK 包里提供了常用的 USB 设备驱动例程及一些应用程序范例。

■ 1.6.4 系统软件

系统软件负责和 USB 硬件逻辑外设进行配置和通信，管理客户软件传输的数据。系统软件包括 USB 主控制器驱动程序（HCD）、USB 总线驱动程序（USBD）和非 USB 主机软件。这 3 个部分在恩智浦 MCU 的 USB SDK 软件包里已经提供，读者如果有兴趣研究，可以深读 USB SDK 的软件代码，这部分都是开源的。

主控制器驱动程序的目的是，让客户软件在进行 USB 数据传输时不需要知道主控制器实现的细节，调用 SDK 的 USB API 就可以了。总线驱动程序为客户元件提供了通信接口，在 HCD 和 USBD 之间的接口称为主控制器驱动程序接口（HCDI），这部分客户软件不能直接访问。

1. 配置设备

系统软件使用默认的控制管道和 USB 逻辑设备进行通信，并根据设备的描述内容配置好总线上的主机和设备。对于 USB 总线驱动程序来讲集线器驱动程序是一个特殊的客户软件，集线器驱动负责监听集线器自己的下行端口的状态变化，当有设备连入总线时会调用非主机软件和设备驱动程序来识别并且配置，如图 1-21 所示。

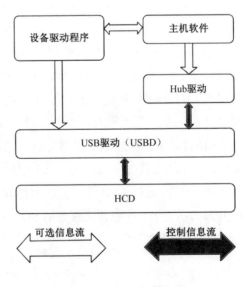

图 1-21　设备配置流程

当 USB 设备连入系统时，集线器驱动程序会读取该设备的基础信息，并向 USBD 请求获取一个设备 ID。USBD 同时会为该设备建立一个控制管道并做好为该设备配置操作的相关准备。对于 USB 设备，在其能被系统使用前，必须完成如下 3 种配置。

- 设备配置。建立连接设备的信息参数，分配总线资源。

- USB 配置。客户软件通过获取 USB 设备的管道信息（如传输速率、传输类型、IRP 请求包的最大包长度等）来与该设备进行数据传输。

- 功能配置。在设备配置和 USB 配置完成后，客户软件就可以与对应的设备进行通信，但在此之前，有些设备还需要提供额外的信息（如供应商 Vendor 定义的内容或者设备类特定的设置操作）进行配置。这些额外的信息都是专用的，不同的设备可能不同。

USB 设备配置是由主机端负责配置操作的软件完成的，通常包括集线器驱动程序、非 USB 主机软件和设备驱动程序。配置软件会先读取 USB 设备的设备描述符，然后请求配置信息，最后设备驱动程序会根据配置信息进行配置并激活一个端口。当配置设备完成后，软件会把 USB 设备接口信息返回给客户软件，让客户端获得对应的数据传输管道。当管道分配完成后，主机会通过设备驱动程序对这些管道进行初始化配置，如设置服务间隔时间（Interval）、最大数据包长等。在这些配置完成后，应用程序就可以使用主机侧的管道与 USB 设备进行数据传输了。

客户软件也可以对当前已经配置好的 USB 设备进行更改，如更改接口的设置或者管道的带宽等。必须在接口或管道处于空闲（Idle）状态时，客户软件才能进行更改操作。

2. 资源管理

当 USB 总线驱动程序为某一个设备端点建立管道时，USB 系统软件会判断是否有足够的资源可以分配到该管道。此时主机会先读取端点的端点描述符并检查总线上剩余的带宽，如果可以提供相应的资源，USBD 将为中断或者同步管道分配固定的总线带宽，将控制传输事务或者批量传输事务安排到指定的帧/微帧当中。

USB 系统软件通常通过以下两步判断 USB 总线带宽是否满足要求。

第一步，计算端点对应事务的最大执行时间，执行时间主要与端点的传输类型、最大包长度（wMaxPacketSize）及 USB 设备的拓扑深度（设备经过几个集线器连接到主机）有关。

第二步，检查当前帧/微帧中的可用剩余时间，以确定第一步计算的时间是否能够满足，如果能满足则 USBD 可以建立该管道。

3. 数据传输

客户软件和 USB 设备功能之间数据传输的基础是接口——管道。接口能够被使用前，USB 设备驱动程序必须对管道进行初始化（设置服务间隔、最大包长度等）；在初始化完毕后，应用程序就可以使用管道和 USB 设备的功能单元进行数据交互。对客户端软件来讲，USB 数据传输的是一个连续的通信流，它并不用理解 USB 总线上的实际传输机制。系统软件会根据当前的 USB 总线带宽、主控制器的限制等因素，将通信数据内容转化为一个或者多个对应的数据传输事务，这部分操作是系统完成的，对客户软件不可见。

当客户软件需要传输数据时，首先向 USBD 发送一个 IRP，并根据传输方向提供数据缓冲区。传输结束后（无论传输成功还是因错误终止），USBD 会向客户软件返回该 IRP 的状态信息。

■ 1.6.5 主控制器驱动程序

主控制器驱动程序（HCD）是 USB 系统软件的最底层，隐藏了 USB 主控制器的硬件实现，HDC 提供了一个软件接口 HCDI，只有 USBD 可以访问。USBD 将客户软件的 IRPs 发送到 HCD，HCD 会把这些 IRPs 包中的事务添加到处理列表中，并确保这些事务传输消耗的带宽不会超过 USB 总线的带宽。一个 IRP 请求完成，HCD 会把完成状态通知到相关的软件，如果 IRP 完成的是 IN 数据传输，则 HCD 将把数据传输的数据放入客户软件的缓冲区内。

HCD 有 4 个主要功能：提供了对主控制器硬件抽象，提供了对主控制器和设备间的数据传输抽象，提供了对主控制器资源分配的抽象，支持根集线器和操作。

1.6.6　总线驱动程序

USB 总线驱动程序（USBD）主要功能包括命令机制的配置操作、服务命令机制和控制机制的数据传输、事件通知、状态报告及错误恢复。

USBD 基于客户软件和主控制器驱动程序，使用 IRP 分别与客户软件和主控制器驱动程序进行通信。USB 系统中只有一个 USBD，它可以直接访问一个或者多个 HCD，USBD 和 HCD 之间的通信接口为 HCDI。USBD 向客户软件提供了 USB 设备的抽象，并管理客户软件与设备间的数据传输，USBD 与客户软件通信的接口称为 USBDI。

USBD 向客户软件提供了命令机制和管道机制。命令机制可以让客户软件访问 USB 设备默认的控制管道，配置和控制 USB 设备。管道机制让客户软件可以和 USB 设备的功能间进行数据传输，实现 USB 设备的功能，该机制不允许客户软件直接访问 USB 设备的控制管道。

1. 命令机制

命令机制通过对设备的控制管道的访问，使得客户软件可以对 USB 设备进行配置和控制操作。命令机制不要求 USB 设备一定处于配置状态时才能使用，当设备处于没有被配置的状态下，客户软件也可以使用 USBD 的命令机制。命令机制为 USBD 提供了 12 种功能。

（1）接口状态控制。客户软件能够配置 USB 设备指定的接口处于特定的状态，并控制其所管理的通道。

（2）管道状态控制。USBD 管道的状态可以分为主机状态和端点状态。主机状态是指该管道下主机对应的客户软件或者 USB 系统软件的状态。端点状态是指该管道下 USB 设备一侧对应端点的状态。USBD 管道的两种状态只能处于以下状态中的一种：活动、停止、中止管道、停止管道及清除停止的管道。

（3）读取描述符。USBD 可以从设备中获取设备描述符、配置描述符和字符串描述符。

（4）读取当前配置信息。如果当前的设备还未被配置，则读取当前配置信息无效。反之，USBD 可以从设备中获得当前配置信息，如配置描述符、接口描述符、端点描述符、设备类定义描述符和供应商自定义描述符。

（5）连接设备。当设备连接到总线上时，集线器驱动程序通知 USBD，USBD 会为该设备分配地址和默认的控制通道。

（6）断开设备。当设备断开连接时，集线器驱动程序通知 USBD，USBD 根据通知进行断开操作。

（7）管理状态。USBD 可以获得或者清除设备、接口和管道的状态。

（8）发送设备类命令。客户软件通过操作 USBDI 向 USB 设备发送一个或者多个设备类定义请求。

（9）发送供应商命令。客户软件可以使用 USBDI 向 USB 设备发送一个或者多个供应商自定请求。

（10）更改可替换的设置。USBD 可以更改指定接口的设置，可以为该接口提供一组新的管道，该接口的原有管道将被释放。只有接口处于空闲状态下才可以更换设置。

（11）配置设备。配置软件向 USBD 发送一个包含配置信息的 IRP，请求对 USB 设备进行配置。USBD 根据配置信息分配带宽。

（12）设置描述符。USBD 可以对支持该操作的设备更新其已有的描述符或者添加新的描述符。

2. 管道机制

USBD 的管道机制是管理客户软件和设备之间的数据交互，将 USBD 的一部分管道管理机制交给客户软件，相比命令机制其提供的数据传输服务更直接。管道机制支持控制传输、批量传输、中断传输和同步传输。当客户软件需要传输数据的时候，利用管道机制向 USBD 发送 IRP，并根据传输方向（IN 或者 OUT）分配一个数据缓冲区。传输结束后，USBD 会向客户软件返回该 IRP 的状态，通知是否传输成功。管道机制为用户提供以下 3 种功能。

（1）中止 IRPs：USBDI 允许客户软件中止某一管道的 IRP。

（2）管道管理：USBDI 允许客户软件设置或者清除管道或者接口的传输设置。客户软件只有在管道被配置成功后才可以向该管道发送 IRP 请求管理，否则都会被 USBD 拒绝。

（3）排队 IRP：USBDI 允许客户软件对某一管道或者多个 IRPs 进行排队传输，当 IRP 完成时，其状态会返回给客户软件。USBD 可以指定一组同步传输请求包的首次事务出现在同一帧/微帧内。

■ 1.6.7　嵌入式 USB 主机控制器

恩智浦的微控制器集成的 USB 主机控制器主要有 OHCI，EHCI 和 KHCI 3 种架构。USB 组织根据 USB 的版本和使用场景定义了多种 USB 主机架构。表 1-20 给出了 USB 主机的不同架构。

表 1-20　USB 主机架构

架构名称	传输带宽	适用标准	说　明
OHCI	12Mbps	USB2.0 全速或者低速	Open Host Controller Interface
UHCI	12Mbps	USB2.0 全速或者低速	Universal Host Controller Interface
EHCI	480Mbps	USB2.0 高速	Enhanced Host Controller Interface
xHCI	5Gbps	USB3.0 及以上	eXtensible Host Controller Interface

OHCI 和 EHCI 是市面上常见的 USB 主控制器。大多数的厂家遵循这两个标准设计了兼容性良好的 USB 主控制器。

UHCI 是 Intel 用在自家芯片组上的 USB2.0 主控制器。

xHCI 是一种可扩展的主机控制器接口，主要面向 USB3.0 标准，同时兼容 USB2.0 的设备。

简单来说，对于微控制器的主控制器来讲，xHCI 兼容 EHCI 和 OHCI，EHCI 兼容 OCHI。KHCI 是恩智浦 Kinetis 产品线专门设计的 USB 主控制器架构，兼容 USB2.0 高速、全速和低速传输。

1.7　USB 调试辅助工具

"工欲善其事，必先利其器。"在开发 USB 接口的时候经常需要一些外部的软件和硬件设备来辅助调试。一是 USB 协议相对于串口更加复杂；二是 USB 的通信速率高于串口，用串口打印状态信息和数据信息的方式不太适合调试 USB 的通信过程。

下面介绍一款软件辅助调试工具和两款硬件调试调试工具。

1.7.1 Bus Hound

Bus Hound 软件有免费的版本，适合在前期学习和开发简单的 USB 外设时帮助分析通信过程。它简单易用，可以分析多种 PC 上的总线设备，可以用来分析 USB 数据的通信流，图 1-22 所示为 Bus Hound 分析 USB 数据流的软件界面。

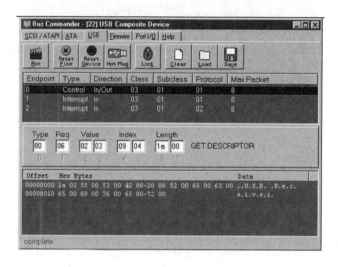

图 1-22　Bus Hound USB 数据流

Bus Hound 软件简单易用，但它只适合在 Windows 平台上做 USB 数据流的分析。如果是开发 Linux 或者 MAC 系统下的 USB 通信，就不合适了。

当我们具有一定的 USB 调试经验后或遇到比较棘手的 USB 调试问题时，购置一台 USB 数据分析器就相当有必要了。这里推荐两款常用的 USB 数据分析器，一款是 Ellisys 的 USB Explorer 系列，另一款是 LeCroy 的 Mercury 系列。

1.7.2 Ellisys 的 USB Explorer 系列

Ellisys 的 USB 数据分析器会把 USB 设备和主机通信工程中的数据捕捉下来，并配合 PC 端的数据分析软件帮助我们分析每一笔 USB 的数据包，可以帮助我们快速定位 USB 数据交互过程中的问题。

如图 1-23 所示，只需要按照示意图要求连接好目标开发板和主机，打开软件并抓取数据包即可。上位机的专用 USB 分析软件会把每一笔 USB 数据包按照标准的 USB 协议做出解析。

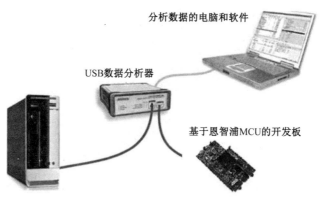

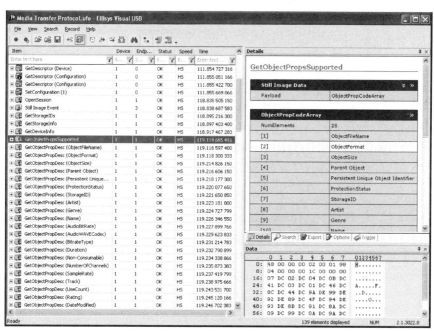

图 1-23 Ellisys 的 USB 数据分析器

■ 1.7.3 LeCroy 的 Mercury 系列

LeCroy 的 Mercury 系列 USB 数据分析器也是常用的设备，其功能与 Ellisys 类似。图 1-24 所示为该设备的外形和上位机分析软件的界面。

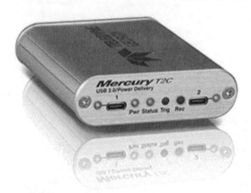

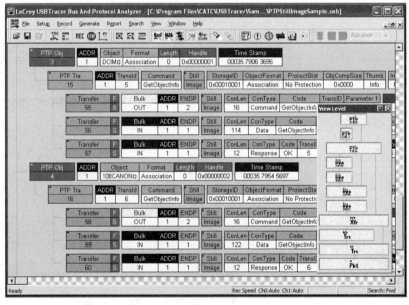

图 1-24 LeCroy 的 Mercury 系列 USB 数据分析器

第 2 章
Chapter 2

USB 硬件设计

USB 是一种通用的串行接口总线，接口信号主要包括电源线（V_{BUS}）、差分信号线（D+, D-）及地线，另外还有一个信号线（ID）用来识别 USB 的身份，以及自动检测插入的 USB 设备的类型是主机还是设备。从信号连接上来看，USB 的硬件电路设计相对简单。因为 USB 支持比较高速的数据传输，从低速的 1.5Mb/s 到高速的 480Mb/s，甚至到超高速 5Gb/s（USB3.0），所以信号完整性设计及接口的电气防护就非常重要。同时，USB 是一种主设备，分为主机（Host）和设备（Device），考虑不同设备的兼容性，所以 USB 协议标准对 USB 接口、主机（Host）电源的驱动能力、设备（Device）的启动电流等都有很严格的定义。下面分别详述 USB 电气特性及在常用的 USB 硬件设计中应该注意的一些问题。

2.1 USB 接口简介

在实际使用中，USB 接口类型较多，常见的有 A 型口、B 型口、Micro 型口和 Mini 型接口，图 2-1 所示是常见的 USB 接口类型。

USB 设备支持热插拔。从以上的 USB 接口设计中可以看到，USB 接口的电源引脚比其他的数据引脚长，这是为了保证 USB 设备插入时，电源引脚先上电，数据引脚后上电；而拔下时，数据引脚先断电，电源后断电，这样可以有效地避免数据引脚比电源引脚先上电的情况发生，USB 接口（USB2.0）的定义如表 2-1 所示。

USB 规范	类　型	端　口　图	实　物　图
USB2.0	A 型公头	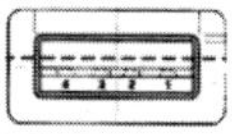	
	A 型母头	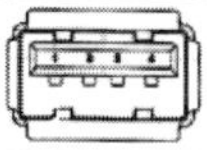	
	B 型公头		
	B 型母头	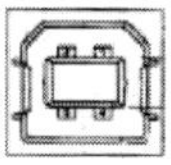	
	A 型 Mini 公头		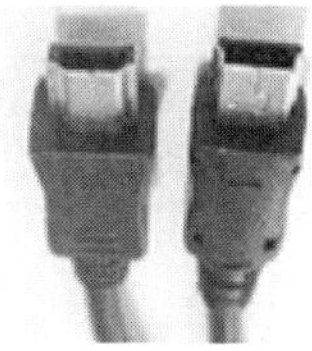
	A 型 Mini 母头	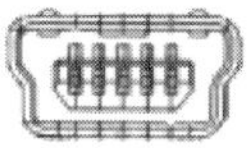	
	A 型 Micro 公头		
	Micro-AB 母头	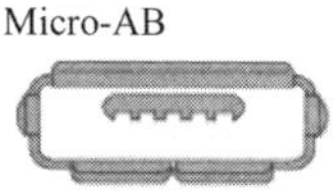 Micro-AB	
	B 型 Micro 公头		
	B 型 Micro 母头		
USB3.0	A 型或 B 型	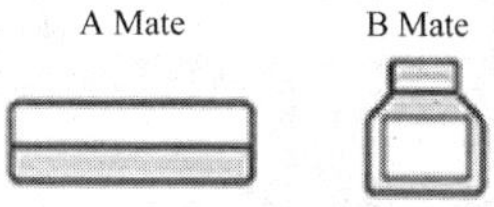 A Mate　　B Mate	 接口为蓝色
	Micro-A 型或 B 型	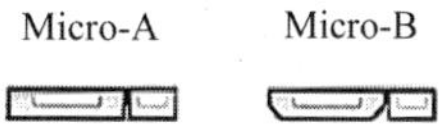 Micro-A　　Micro-B	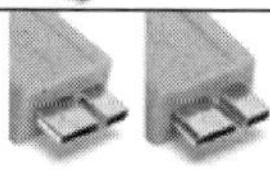
	Type C 型	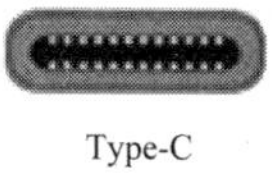 Type-C	

图 2-1　USB 接口类型

表 2-1　USB 接口定义

引　脚	功　能	描　述	备　注
1	V_{BUS}	电源 5V	
2	D–	数据–	
3	D+	数据+	
4	ID	检测线	标准 A 型、B 型不支持，Mini-USB 支持
5	GND	地	

ID 信号线的功能是自动检测接入的设备，根据信号的状态配置接入的是主机还是设备，如果接口是标准 A 型或者 B 型，则不支持自动检测，也就是说，用户必须要预先指定工作模式，因此，在实际的硬件设计中，要根据使用的 USB 工作模式来选择合适的 USB 接口，当然选择 Mini 或 Micro USB；也可以不使用 ID 信号线，默认配置 USB 为主机或设备。

2.2　USB 电气特性

USB2.0 支持低速（1.5Mb/s）、全速（12Mb/s）和高速（480Mb/s）数据传输，而 USB3.0 则支持更高速的数据传输，可以达到 5Gb/s。为了保证数据信号的可靠传输及与各个厂家 USB 设备的兼容，USB 协议标准制定了严格的电气标准，要求各个 USB 设备都必须遵守。下面详细介绍 USB2.0 的电气特性，本书暂时不对 USB3.0 做过多的描述。

USB 的数据信号是通过差分驱动器实现的，差分驱动器可以兼容低速、全速及高速 3 种通信速度，为了适应不同的速度，驱动器内部会采用不同的配置，例如，为了适应高速 USB 通信，收发器会激励内部的正供给电压产生的电流源输出电流，并且通过一个高速电流控制开关，让电流流向两根数据线中的一根。

对于低速和全速的 USB 驱动器，在接一个 1.5kΩ电阻到 3.6V 时，驱动输出的低电压不能大于 0.3V；在外接一个 1.5kΩ电阻到地的状态，驱动输出的高电压不能低于 2.8V。低速和全速的 USB 驱动器从来不会输出 SE1 状态，SE1 状态中 D+，D-电压都在 0.8V 以上。

在任何驱动状态下，USB 端口都必须能够持续输出如图 2-2 所示的波形。每个数据引脚直接连接到输出阻抗为 39Ω的电压源上，源端的开路电压如图 2-2（a）所示，基于最坏的过冲和下冲可以得到如图 2-2（b）所示的波形。

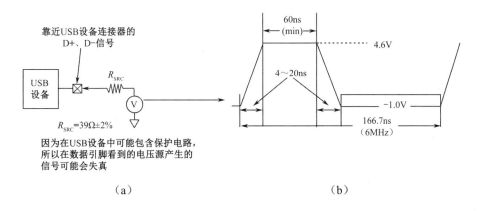

图 2-2　USB 信号传输的最小输入波形

实际使用中，可能会发生数据线短路的情况，因此 USB2.0 规定 USB 驱动器需要考虑各种短路的情况发生，要求 USB D+，D-和 V_{BUS} 能够支持持续短路最少 24h，不损坏驱动器，并且在恢复之后，不影响原来的性能。

2.2.1　低速 USB 驱动器电气特性

对于低速 USB 设备，要求在 D+和 D-数据线上，USB 电缆和接口的电容应为 200～450pF，USB 电缆的传输延时应小于 18ns，这将确保信号发生在上升和下降的前半部分，如图 2-3 低速信号波形所示。

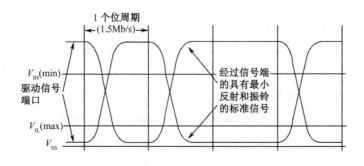

图 2-3　低速信号波形

2.2.2　全速 USB 驱动器电气特性

全速的 USB 连接有一个屏蔽层，特性阻抗为 90Ω，共模阻抗为 30Ω±30% 的差分数据线组成，且单向的延时为 26ns。单纯的全速驱动器（不支持高速）的输出阻抗为 28~44Ω，兼容高速的全速驱动器的输出阻抗为 40.5~49.5Ω。

全速驱动器电路如图 2-4 所示。

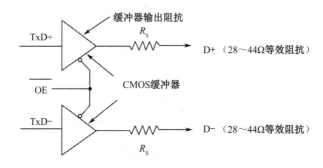

图 2-4　全速驱动器电路（不兼容高速驱动器）

通过驱动缓冲器输出高和低来测量输出阻抗，图 2-5 是全速驱动器包括外部的阻抗（R_s）的 V/I 特性曲线。V/I 区域是由上面的最小驱动器阻抗和下面的最大驱动器阻抗限定。当驱动输出低时，最低驱动区域与 $6.1×|V_{OH}|$mA 的恒流区域相交，当驱动输出高时，它与 $-6.1×|V_{OH}|$mA 的恒流区相交。当全速驱动器输出低时，驱动输出低的区域被 22.0mA 的恒定电流区域分割是一个特殊的情况。

进行测试时，对于驱动低电平的情况，输入输出器件的电流（mA）不得超过 $\pm 10.71 \times V_{OH}$ 并且 D+/D- 上的电压不能超过 $0.3 \times V_{OH}$，对于驱动高电平的情况，电压不低于 $0.7 \times V_{OH}$。

图 2-5 所示为全速缓冲器的 V/I 特性曲线（驱动输出低）。

图 2-6 所示为全速缓冲器的 V/I 特性曲线（驱动输出高）。

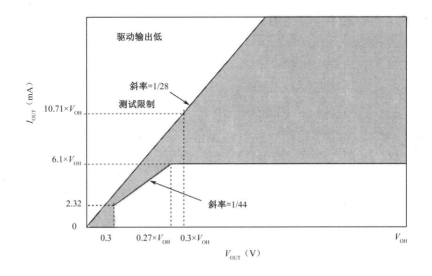

图 2-5　全速缓冲器 V/I 特性曲线（驱动输出低）

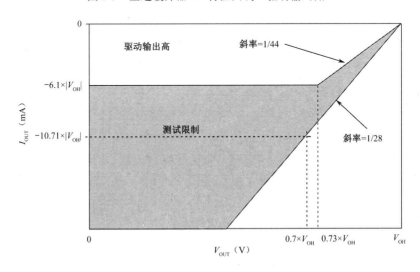

图 2-6　全速缓冲器 V/I 特性曲线（驱动输出高）

图 2-7 所示为全速缓冲器（兼容高速）的 *V/I* 特性曲线（驱动输出低）。

图 2-8 所示为全速缓冲器（兼容高速）的 *V/I* 特性曲线（驱动输出高）。

图 2-9 所示为全速缓冲器信号波形。

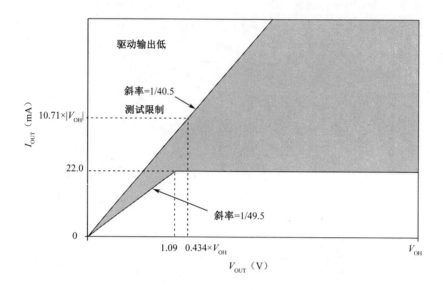

图 2-7　全速缓冲器（兼容高速）*V/I* 特性曲线（驱动输出低）

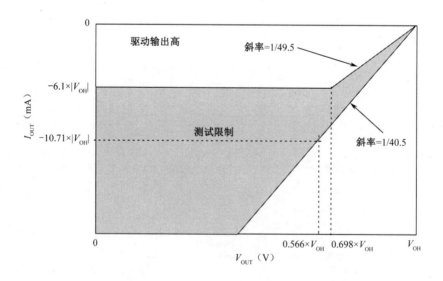

图 2-8　全速缓冲器（兼容高速）*V/I* 特性曲线（驱动输出高）

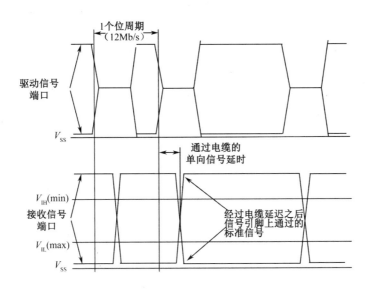

图 2-9　全速信号波形

　　全速 USB 要求连接的 USB 电缆达到以下要求：差分特性阻抗（Z_0）为 90Ω±15%、共模阻抗为 30Ω±30% 及单向传输延时小于 26ns。

2.2.3　高速 USB 驱动器电气特性

　　高速 USB 要求连接的 USB 电缆达到以下要求：差分特性阻抗（Z_0）为 90Ω±15%、共模阻抗为 30Ω±30% 及单向传输延时小于 26ns。

　　高速模式支持高达 480Mb/s 传输速率，为了保证数据信号的可靠传输，必须在连接电缆的任一端连接一个端接电阻到地，端接电阻的值通常是电缆差分阻抗的一半（45Ω），这样就提供了 90Ω 的端接阻抗。大部分的 USB 高速接收器都会集成这个端接电阻，既可以通过寄存器设置，也可以根据实际的应用进行微调。

2.2.4　低速和全速接收器特性

　　差分输入接收器是用来接收 USB 数据信号的。当所有的差分数据输入都在差分共模范围（V_{CM}）内（0.8～2.5V）时，接收器必须有一个最小位 200mV

的输入灵敏度。

D+和 D-电平值的差分信号是可能会短暂地低于 V_{IH}，这段时间在全速传输时可达 14ns，而在低速传输时可长达 210ns，接收器的逻辑部分必须保证这种情况不是 SE0 状态。

图 2-10 所示为低速/全速差分输入灵敏度范围。

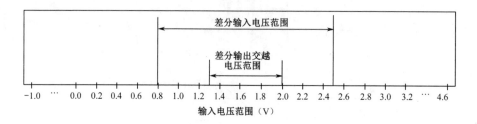

图 2-10　低速/全速差分输入灵敏度范围

■2.2.5　器件速度识别

USB2.0 规范了低速、全速和高速的速度识别机制。

全速和低速设备通过电缆下端的上拉电阻的位置来区分。

- 全速设备 D+线上接上拉电阻。
- 低速设备 D-线上接上拉电阻。
- 下行端口的下拉端接 15kΩ电阻连接到地。

下拉电阻的设计必须确保信号电平满足 USB2.0 规定的要求。图 2-11 和图 2-12 所示分别为全速/低速设备的电缆和电阻连接。

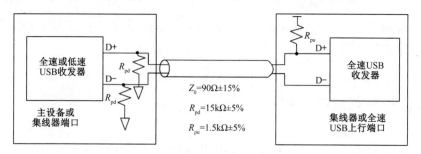

图 2-11　全速设备电缆和电阻连接

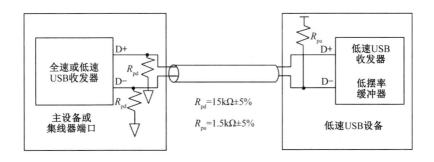

图 2-12　低速设备电缆和电阻连接

高速设备的复位和检测机制遵循低速、全速模型，当复位完成后，连接必须工作在适当的信号传输模式，端口状态寄存器只是为了正确报告该工作模式，软件仅仅需要初始化复位操作，并且在复位完成之后立刻读取端口状态寄存器。

2.2.6　信号电平

USB2.0 规定了低速、全速和高速的信号电平，如表 2-2 所示。

表 2-2　低/全速模式信号电平

总线状态		信号电平		
		在源端连接器（在一个位的结束）	在目标端连接器	
			要求的参数范围	允许的参数范围
差分的 "1"		D+>V_{OH}（min） D-<V_{OL}（max）	（D+）-（D-）>200mV （D+）>V_{IH}（min）	（D+）-（D-）>200mV
差分的 "0"		D->V_{OH}（min） D+<V_{OL}（max）	（D-）-（D+）>200mV D->V_{IH}（min）	（D-）-（D+）>200mV
单终端 "0"（SE0）		D+和 D-<V_{OL}（max）	D+和 D-<V_{IL}（max）	D+和 D-<V_{IH}（min）
数据 J 态	高速	差分的 "0"	差分的 "0"	
	低速	差分的 "1"	差分的 "1"	
数据 K 态	高速	差分的 "1"	差分的 "1"	
	低速	差分的 "0"	差分的 "0"	

续表

总线状态		信号电平		
		在源端连接器 （在一个位的结束）	在目标端连接器	
			要求的参数范围	允许的参数范围
空闲 状态	高速 低速	N.A.	D->V_{IHZ}（min） D+>V_{IL}（max） D+>V_{IHZ}（min） D-<V_{IL}（max）	D->V_{IHZ}（min） D+<V_{IH}（min） D+>V_{IHZ}（min） D-<V_{IH}（min）
唤醒状态		数据 K 状态	数据 K 状态	
包开始（SOP）		数据线从空闲态转到 K 态		
包结束（EOP）[①]		SE0 近似 2 位时间[②]其后 接着 1 位时间的 J 态[③]	SE0≥1 位时间[④]其后 接着 1 位时间的 J 态	SE0≥1 位时间[①]其后 接着 J 态
断开连接 （在下行端口处）		N.A.	SE0 持续时间大于等于 2.5μs	
连接 （在上行端口处）		N.A.	空闲态持续时间大 于等于 2ms	空闲态持续时间大于 等于 2.5μs
复位		D+和 D-小于 V_{OL}（max） 的持续时间大于等于 10ms	D+和 D-小于 V_{IL}（max） 的 持续 时间 大于 等于 10ms	D+和 D-小于 V_{IL}（max） 的持续时间大于等于 2.5μs

注：①始终处于活动态的是低速的 EOP。

②1 位时间定义的 EOP 宽度与传送的速度有关。

③仅在 EOP 后的 J 态的宽度以位时间来衡量，它与缓冲器的边缘速率有关。来自低速缓冲器的 J 态必
须要有低速的位宽，来自高速的，则必须要有高速的位时宽。

④1 位时间定义的 EOP 宽度与接收 EOP 的设备类型有关，位时是近似的。

2.2.7 数据编码/解码

USB 使用 NRZI 编码发送数据包，在 NRZI 编码模式下，"1"表示电平
无变化，"0"表示电平发生了变化，图 2-13 显示了一个数据流及等效的 NRZI
码，在显示的 NRZI 编码图里，高电平代表数据线上的 J 状态，一连串的 0
会导致 NRZI 数据在每个位时间内都翻转，一连串的 1 会导致数据长时间不
发生翻转。

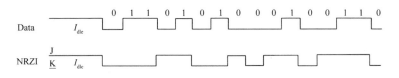

图 2-13　NRZI 数据编码

　　一长串连续的 1 将会导致无电平跳变，从而引起接收器最终丢失同步信号，解决办法是使用位填充。如图 2-14 所示，位填充规定，在连续传输 6 个 1 的情况下，强制在 NRZI 编码的数据流中加入跳变。这样可以确保接收器至少在每 7 个位的时间间隔内，在数据流中会检测到 1 次跳变，从而使接收器传送的数据保持同步。

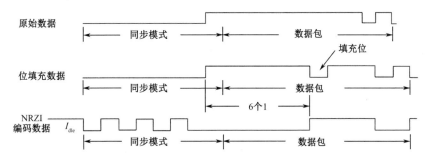

图 2-14　位填充

　　位填充操作（见图 2-15）从同步数据段开始，贯穿于整个传送过程，同步数据段的数据"1"作为真正数据流的第 1 位。位填充操作毫无例外由传送端强制执行。应严格遵守位填充规则，甚至在 EOP 信号结束前也要插入一位"0"位。接收端必须能对 NRZI 编码进行解码，识别插入位并将其丢弃。如果接收端发现包中任一处有 7 个连续的"1"，则丢弃该数据包。

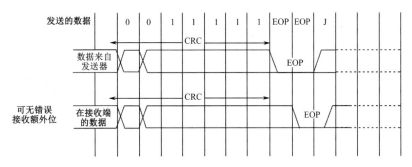

图 2-15　在 EOP 之前插入位

■■2.2.8 电源分布

所有 USB 设备的缺省功率均为低功率，当设备要从低功率变化到高功率时，可通过软件进行设置。在允许设备达到高功率之前，必须保证有足够的电源功率可供软件使用。

USB 支持一定范围的电源来源和电源消耗供应者，包括如下部分。

（1）根端口集线器。根端口集线器是直接与 USB 主机控制器相连的，具有相同的电源来源。从外部获得工作电压（AC 或 DC）的系统，在每个端口至少支持 5 个单位负载，这些端口称为高功率端口。由电池组供电的系统可以支持 1 个或 5 个单位负载。那些只能支持 1 个单位负载的端口称为低功率端口。

（2）总线供电的集线器。总线供电的集线器电源可以通过如图 2-16 所示的电源控制电路来实现。所有内部功能设备和下形端口都从它的上形端口的 V_{BUS} 上获得电源。初始枚举之后，它只获得 1 个单位负载的驱动能力，经过配置之后，可以支持最大 5 个单位负载的驱动能力，如果需要 4 个以上的外部端口，则集线器将需要自供电。如果集线控制器消耗比较多的功率（超过 1 个单位负载），那么外部端口的数量必须适当减少。

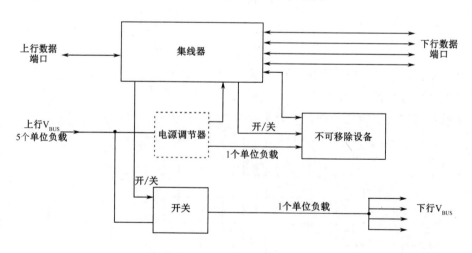

图 2-16　总线供电的集线器

（3）自供电的集线器。自供电集线器具有本地电源（见图 2-17），它的任一内部功能设备和下形端口不再从 V_{BUS} 上获得电源。同时，集线控制器可以控制下行设备的数目和限流控制，支持的下行设备的数目也仅取决于集线器分配的地址和本地电源的供电能力，相对于总线供电也更有优势。

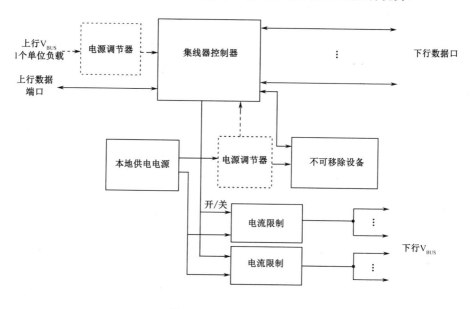

图 2-17　自供电的集线器

　　为了安全起见，主机和所有自供电集线器必须实施过流保护，必须有一种方法检测集线器过流状况并将其报告给 USB 软件。当某一组下行接口超过预设的电流时，过流保护电路将会移除受影响的下行端口的电源。过流情况上报到主机控制器，根据 USB 规范对过程条件的要求，预设值不能超过 5.0A，必须充分高于最大允许端口电流，避免瞬态电流（如在加电或断电期间动态连接或重新配置）触发过流保护器。一旦任何端口触发过流，USB 的后续操作则不能保证；一旦过流条件被删除，必须像刚上电一样重新初始化设备。过流限制机制是无须用户人工干预就可以重新恢复。聚合物 PTC 和固态开关常常用于过流限制保护。

　　（4）低功率总线供电设备。如图 2-18 所示，该设备上的所有电源均来自 V_{BUS}，在任一时刻，它们最多只能接 1 个单位负载。

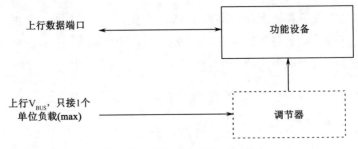

图 2-18　低功率总线供电设备

（5）高功率总线供电设备。如图 2-19 所示，该设备上的所需电源均来自 V_BUS。在高功率供电时，它们至多只能接 1 个单位负载，在完成初始设置后，可接 5 个单位负载。

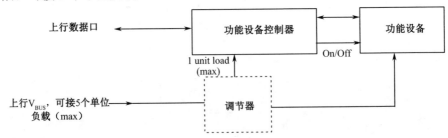

图 2-19　高功率总线供电设备

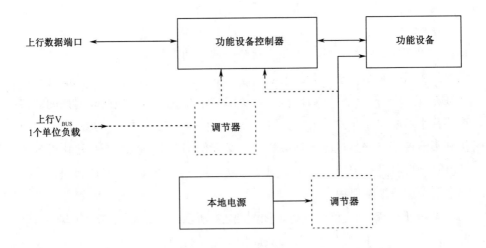

图 2-20　自供电设备

（6）自供电设备。如图 2-20 所示为典型的自供电功能模块。上行供电总线通过一个低功率调节器或本地电源为功能控制器供电。前一个方案的好处就是它允许检测和枚举来关闭本地电源的自供电功能。在这种应用中，功能控制器只能消耗 1 个单位负载的功率，但是电源调节器模块必须实施浪涌电流保护。功能模块消耗的功率仅受限于本地电源的供电能力。由于本地电源不需要为下行的任何总线端口供电，故不需要实现限流、软启动或电源切换。

■■2.2.9　电压跌落要求

USB2.0 规范了严格的电压跌落要求。具体要求如下：

● 有高功率集线端口的供电的电压为 4.75～5.25V。

● 有低功率集线器端口供电的电压为 4.75～5.25V。

● 总线供电集线器允许从它的电缆插头到输出端连接器上有 350mV 的电压降落。

● 在 V_{BUS} 上的 A 型头和 B 型头之间的最大压降为 125mV。

● 所有电缆 GND 上的上行和下行之间的最大电压降为 125mV。

● 在上行电缆末端的连接器上的电压低至 4.40V 时，所有集线器和功能模块必须能够提供配置信息，仅低功率功能模块可以在低功耗模式下运行。

● 如果多于 1 个单位负载，则它的最低工作电压必须为 4.75V。

图 2-21 所示为最坏条件下的压降拓扑。

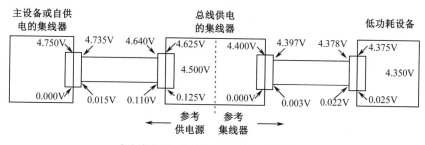

图 2-21　最坏条件下的压降拓扑

2.2.10 信号质量的评定

USB 的信号质量直接影响数据传输的质量和系统的兼容性，它通常通过 USB 眼图的结果评定。

眼图是通过示波器的余辉将扫描到的每个数据流波形叠加在一起形成的。通过眼图可以了解到码间串扰和噪声的影响，可以用来评估 USB 信号质量的优劣。

USB 规范规定了详细的参数要求，要求所有的位，包括数据包的第一位和最后一位的时序和幅度都必须满足眼图的规范要求。目前很多示波器提供自动测试软件（需要示波器厂家的软件许可），软件会自动捕捉信号波形，形成眼图并生成测试报告，可以参考第 10 章了解详细地测量过程。

图 2-22 所示为高速 USB 下行信号眼图。

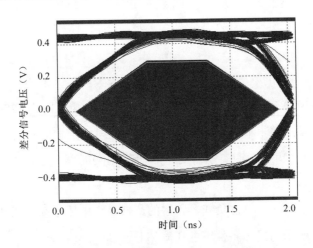

图 2-22　高速 USB 下行信号眼图

2.3　USB 电路设计

根据 USB2.0 规范的要求，USB 数据线（D+/D-）必须按照差分布线，并且满足 90Ω特性阻抗要求，同时也要保证 USB 供电和 EMC 保护方面的要求。

下面根据不同的 USB 应用介绍硬件电路设计。

2.3.1　设备

我们经常碰到的情况是用 USB 作为设备，如常见的 U 盘，当插入 U 盘到主机后，通过总线供电，开始工作，并与主机完成枚举和数据传输。

在应用中还会经常遇到另一种情况是设备自供电。在这种应用中，设备是自己供电的，需要检测什么时间连接到 USB 主机，有的设备支持 ID 线来进行检测，有的不支持，常常需要增加一个检测电路来检测 USB 连接状态。一个简单的方法是将 V_{BUS} 信号经过电阻分压后输入到 GPIO 口，通过检测电平的状态来判断是否有 USB 插入。图 2-23 所示为一个简单的检测电路。

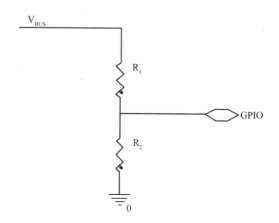

图 2-23　检测电路

对于设备的电路设计，还应注意浪涌电流的影响。因为设备的 V_{BUS} 端会接入一定的电容，所以接入主机时，会产生一定的浪涌电流，根据 USB2.0 规范的要求，当设备接入时，要求主机（或者 USB 集线器）的 V_{BUS} 端电压不能下降超过 350mV。一般来说，设备不能连接超过 10μF 并联 44Ω 的负载。

2.3.2 主机

USB 主机给外部设备供电，为了符合 USB 供电的规范和避免外接设备发生过流或者短路，经常采用限流芯片来控制 V$_{BUS}$ 输出电流。

如图 2-24 所示，通过限流芯片 U35（NX5P3090UK）给 USB 接口供电，当外接设备有过流现象发生时，它会限制过流并且降低 5V_USB_HS 的输出；同时，它还会通过 FAULT 信号报告给主机控制模块；当外部恢复正常的工作电流时（小于设定的电流时），自动恢复正常的电压输出。

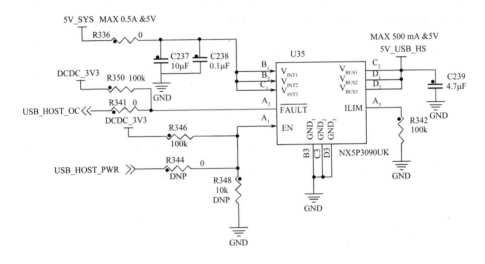

图 2-24　USB 主机限流电路

2.3.3　OTG 应用

某些应用常常需要能够根据连接的设备自动检测并切换 USB 的工作模式，在这种应用中，要求选择接口支持 ID 信号的 USB 接头（Mini 或 Micro），根据 ID 信号的状态来判断接入设备的类型。

常见电路如图 2-25 所示。

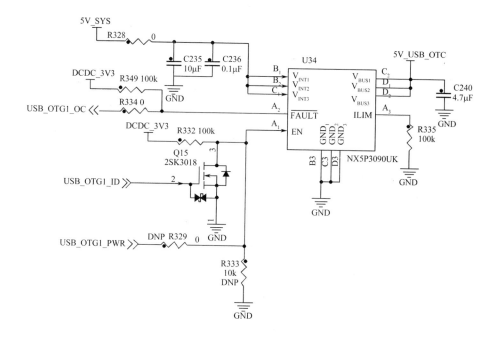

图 2-25　OTG 电路连接

USB ID 信号检测接入 USB 的类型，根据 ID 信号的状态，控制使能是关断还是连接到 USB 连接器上的电压（5V_USB_OTG），默认状态下使能输出 5V 电压到 USB 连接器，当接入的设备为主机时，ID 线控制关掉 5V_USB_OTG 输出，V_{BUS} 来自主机。

2.3.4　USB 信号的防护

因为 USB 接口裸露在外部，不可避免地会累积比较高的静电，并且随着静电电压的升高对 USB 内部电路产生比较大的危害，严重时还可能损坏 USB 控制芯片。因此，常常需要增加 ESD 保护电路，以防护 V_{BUS}, D+, D-和 ID 信号。

在保护电路中，增加了 ESD 保护器件保护 V_{BUS}, D+, D-和 ID 信号，另外它还用一个共模电感来滤除 USB 信号上的共模噪声。

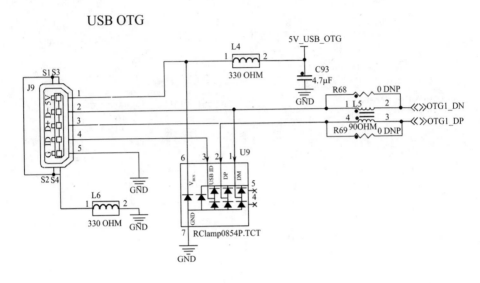

图 2-26　USB 保护电路

■ 2.3.5　信号完整性电路设计

当设计 USB 走线时，遵循以下原则可以避免 USB 信号完整性的问题以及避免可能出现的一系列 USB 硬件问题。

- 将 USB 控制器和连接器放在合适的平面上，尽量在同一层，以减少过孔。
- 用最小的走线长度传送高速时钟和高速 USB 差分信号。
- 只要条件允许，在最靠近地层的层上传送高速 USB 信号。
- USB 信号线走线应尽可能减少过孔。这样可以减少信号反射和阻抗变化。如果过孔不可避免，在 D+和 D−信号线的过孔要成对出现。
- 当走线不得不弯折时，建议采用以两个 45°弯折或圆弧形的走线替代单个 90°的弯折，这样可以大大减少阻抗不连续性，并减少信号线上反射。
- USB 走线不能布置在晶振、振荡器、时钟信号发生器、开关稳压器、安装孔、磁性器件附近，且避免靠近高速的数字线号。如果不可避免，尽量考虑在其附近用地线隔开，并在地线上打较多的过孔以减少地线阻抗。

信号线（DP/DM）对信号的完整性有着更高的要求，所以要尽量小心走线。高速信号传输期间，DP/DM 信号线上的信号摆幅相对较小（400mV±10%），因此任意差分噪声都会影响接收的信号。当 DP/DM 走线不具有任何屏蔽措施时，该走线往往像一条天线，有可能拾取环境中周围元件所产生的噪声。应尽可能地降低这种运行方式的影响：

- DP/DM 走线应尽可能短，并且必须保持在 4in 之内；否则，信号眼图的开眼范围将降低。
- DP/DM 的走线应尽可能符合差分走线的要求，并且保证走线的特性阻抗为 90Ω±15%，间距不超过 0.002in（以芯片封装边界而不是焊球或引脚为测量起始点）。
- 高速 USB 连接通过屏蔽双绞线实现。该双绞线具有 90Ω±15% 的差分特性阻抗。在布线时，DP 及 DM 的阻抗均应为 45Ω±10%。
- DP/DM 走线应尽量避免经过额外的器件，要尽量保持信号的完整性。

2.4　硬件电路常见的问题

由于电路中会存在感性负载，在插入 USB 电缆时，常常会产生过冲电压，过高的过冲电压会造成 USB 控制设备的损坏，一种常见的现象是导致 USB 相应的管脚发生闩锁（latch-up），造成集成电路发热，如果长时间发生的话，有可能会发生永久的损坏。

图 2-27 所示为 USB 插入瞬间 V_{BUS} 波形（无并联电容）。

插入瞬间电压过冲到 10V 左右的电压，如果用户按照图 2-23 的电路，连接微控制器的 I/O 脚以检测设备的 USB 状态，过高的电压经常会导致微控制器发生闩锁。

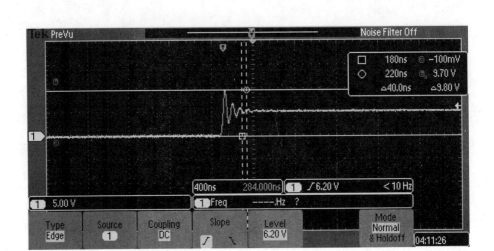

图 2-27　USB 插入瞬间 V_{BUS} 波形（无并联电容）

在某个 USB 设备的测试过程中，偶尔会发现插入 USB 设备之后，集成电路会发生过热的情况。经过检查发现，这个设备用一个 IO 口检测 USB 插入的状态，在插入的过程会产生一个很高的电压（接近 12V），超过了微控制器的正常工作电压，导致发生闩锁。

解决办法是在输入引脚加 TVS 保护器件，同时在 V_{BUS} 线上加 4.7～10μF 的电容，这样可以降低电压的过冲。

图 2-28 所示为在 USB 的 V_{BUS} 线并联 4.7μF 的电容之后的波形。

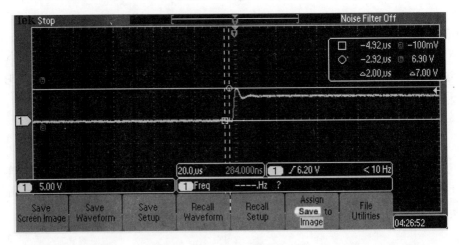

图 2-28　USB 插入瞬间 V_{BUS} 波形（并联 4.7μF 电容）

第 3 章

基于 SDK 的 USB 协议栈

恩智浦公司提供了完善的微控制器开发套件（MCUXpresso SDK），USB 协议栈基于此开发套件实现，符合此开发套件的规范和许可。开发套件包提供了丰富的 USB 协议栈示例应用程序，用户基于此套件可以快速地完成开发。本章对 USB 协议栈的具体实现进行介绍。读者结合本章和本书其他章节的内容，可以更直观地理解 USB。

3.1 简介

NXP 软件开发套件（SDK）为 NXP 微控制器提供了全面的软件支持，它不仅包含微控制器外设驱动，还包含丰富的协议栈和中间件的实现。SDK 的架构如图 3-1 所示。

图 3-1　SDK 的架构

USB 协议栈属于开发套件的中间件（Middleware），它包括 USB Host 协议栈和 USB Device 协议栈，两者相互独立，既可以单独使用也可以同时使用。USB Host 协议栈实现了对插入设备的枚举和识别，然后交类驱动和应用程序处理。USB Device 协议栈实现了与主机通信的基本架构，在它之上实现了各种类，基于这些类可以实现不同的 USB 外设，如鼠标、U 盘。

3.2　Device 协议栈

3.2.1　协议栈架构

USB Device 协议栈的架构如图 3-2 所示。

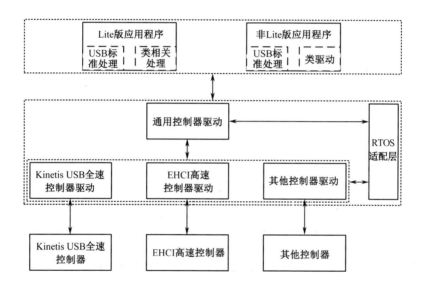

图 3-2　Device 协议栈的架构

Device 协议栈属于架构的中间部分，它由通用控制器驱动、特定控制器驱动和 RTOS（实时操作系统）适配层组成。在它的下面是 USB 硬件控制器，在它的上面则是应用程序。

- 通用控制器驱动。它为应用程序提供了统一的接口，用户不需要关心不同硬件控制器的细节。
- 特定控制器驱动。USB 控制器种类较多，图 3-2 中画出 Kinetis 全速控制器和 EHCI 高速控制器。每种控制器都要实现特定的驱动。

- RTOS 适配层。此协议栈不仅可以工作在不同的 RTOS 环境下，也可以工作在裸板环境下，此适配层封装了不同的 RTOS，并为 Device 协议栈提供统一的接口。在裸板或不同的 RTOS 环境下，协议栈的代码也不需要改变。如果要支持新的 RTOS，只需要为新 RTOS 配置此适配层接口即可。

注意，此协议栈把 USB2.0 标准请求的处理和类驱动放到了应用程序层。对所有的 USB Device 协议栈应用程序来说，USB2.0 标准请求的处理是相似的；对所有同类的应用程序来说，类驱动是相似的。这里不把它们放到 Device 协议栈层，好处是可以减小应用程序的代码量，因为特定的应用程序可以不用实现全功能的 USB2.0 标准请求处理和类驱动。这种架构的缺点是用户需要使用通用控制器驱动提供的接口实现 USB2.0 标准请求和类驱动。为了便于用户基于此协议栈开发应用程序，提供了两类基于此协议栈的应用程序：非 Lite 版应用程序和 Lite 版应用程序。非 Lite 版应用程序提供了全功能的 USB2.0 标准处理和类驱动，并且和上层应用程序之间通过接口进行交互；Lite 版的应用程序提供了非全功能的 USB2.0 标准请求处理，并且它没有明显的类驱动分层，USB2.0 标准请求处理、类驱动和应用程序是混合在一起的。因此，Lite 版应用程序比非 Lite 版的代码量更小。

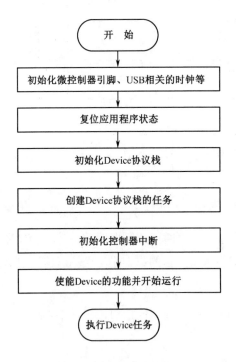

图 3-3　Lite 版初始化流程

3.2.2　协议栈初始化流程

1. Lite 版初始化流程

Lite 版应用程序初始化 Device 协议栈的流程如图 3-3 所示。

（1）初始化微控制引脚功能、USB 相关的时钟等。如果微控制器平台上有 USB 专用存储，在有些微控制器平台上，这片存储需要在 USB 时钟初始化好之后才能访问，并且 Deice 协议栈会把数据放到此专用存储上，所以这片存储需要在 USB 时钟初始化好后被清空。

（2）复位应用程序状态。例如，给全局变量设置初始无效值。

（3）调用 USB_DeviceInit 进行 Device 协议栈实例的初始化。此函数会返回协议栈的实例句柄（Device Handle），它代表一个 Device 协议栈的实例，对此实例的任何操作都要使用此句柄。

（4）创建 Device 协议栈的任务。Device 协议栈有一个配置宏（USB_DEVICE_CONFIG_USE_TASK），它用于配置是否使用任务功能。

● 当此宏的值为真时，Device 协议栈为每一类控制器提供一个任务接口函数。如果是在 RTOS（实时操作系统）环境下，用户需要用此接口创建一个任务，并且以传递初始化协议栈时获得的协议栈句柄为参数。如下面代码所示，USB_DeviceKhciTaskFunction 是 Device 协议栈提供的任务接口函数，写一个死循环函数调用此接口，然后以此函数为参数创建一个 RTOS 任务。

```
void USB_DeviceTask(void *handle)
{
    while (1U)
    {
        USB_DeviceKhciTaskFunction(handle);
    }
}
```

如果是在裸板环境下，用户需要以轮训的方式调用此任务接口函数。

● 当此宏的值为假时，Device 协议栈的所有处理都是在控制器中断的上下文进行，不需要创建任务。

（5）初始化控制器中断。Device 协议栈中的每类控制器驱动都提供一个中断处理函数接口，应用程序需要把此接口关联到控制器的中断上，并且以传递初始化协议栈时获得的协议栈句柄为参数。如下面代码所示，把接口函数 USB_DeviceKhciIsr Function 关联到 USB0 的中断处理函数上。

```
void USB0_IRQHandler(void)
{
    USB_DeviceKhciIsrFunction(Device Handle);
}
```

设置中断的优先级并使能中断。

（6）调用 USB_DeviceRun 开始 Device 的功能。

2. 非 Lite 版初始化流程

对于非 Lite 版应用程序，Device 协议栈的初始化流程如图 3-4 所示。

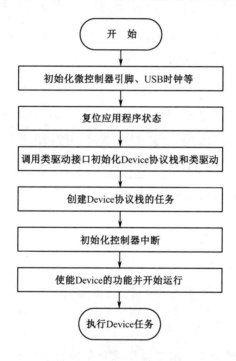

图 3-4 非 Lite 初始化流程

它和 Lite 版的区别在于初始化 Device 协议栈的地方。非 Lite 版应用程序提供全功能类驱动接口，应用程序基于此接口对 Device 协议栈进行初始化。应用程序调用 USB_DeviceClassInit 进行 Device 协议栈和类的初始化，USB_DeviceClassInit 由通用类驱动提供，此函数内部会调用 USB_DeviceInit

和类初始化函数进行协议栈和类驱动初始化。此函数的原型如下：

usb_status_t USB_DeviceClassInit(uint8_t controllerId,

usb_device_class_config_list_struct_t *configList,

usb_device_handle *handle);

上述函数第三个参数返回协议栈的实例句柄（Device Handle），它代表一个 Device 协议栈的实例，对此实例的任何操作都使用此句柄。第二个参数为此应用程序的配置参数，依据此参数初始化协议栈和类，并且在此函数内被初始化的类驱动句柄通过此参数返回应用程序。

非 Lite 版的配置参数包含了设备从配置（configuration）到端点（endpoint）的所有信息和类（class）相关的信息，如图 3-5 所示。用户需把一个"device class config list"实例传给 USB_DeviceClassInit 作参数。

- device class config list：定义整个设备的配置信息，包含 Device 回调函数、此设备的类（class）数量及指向所有类配置信息数组的指针。
- device class config：定义一个类的配置信息，包含类回调函数、初始化类驱动返回的类句柄、类信息的指针。
- device class：定义一个类的信息，包含类的配置（configuration）个数、类的类型及接口（interface）列表数组的指针（每个配置都有一个接口列表）。
- interface list：定义一个接口列表，包含接口的个数及指定个数的接口数组指针。
- interfaces：定义了一个接口，包含此接口的 alternate setting 个数及所有 alternate setting 接口数组的指针。
- interface：定义一个 alternate setting 接口，包含端点列表的指针。
- endpoint list：定义一个接口下的端点列表，包含端点的个数和端点数组的指针。
- endpoint：定义一个端点。

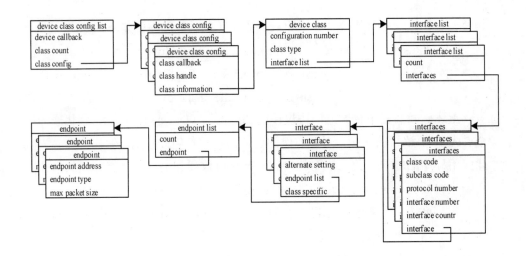

图 3-5　非 Lite Device 配置参数

3.2.3 协议栈工作流程

Device 协议栈的基本工作流程依赖于回调函数和函数调用。回调函数通知应用程序协议栈的所有状态变化和数据请求。在 Device 协议栈中有两类回调函数：Device 回调函数和端点回调函数。

- Device 回调函数：此回调函数通知应用程序整个协议栈的状态，如收到了 USB 总线复位信号。此回调函数在调用 USB_DeviceInit 时，通过参数传递给协议栈。
- 端点回调函数：每个端点都有一个回调函数，它通知应用程序对应端点的数据传输结果。此回调在调用 USB_DeviceInitEndpoint 进行端点初始化时，通过参数传递给协议栈。

函数调用主要用于初始化协议栈和进行数据传输，本节会对数据传输的流程进行介绍。

1. Lite 版工作流程

Lite 版 Device 回调函数实现了表 3-1 所示的通知。

表 3-1　Device 回调函数通知

通　知	说　明
kUSB_DeviceEventBusReset	收到 USB 总线复位信息，初始化控制端点以备后面进行的控制传输
kUSB_DeviceEventSuspend	USB 进入挂起状态，可以进入低功耗
kUSB_DeviceEventResume	USB 被唤醒，要退出低功耗
kUSB_DeviceEventSleeped	USB 进入 LPM 挂起状态，可以进入低功耗
kUSB_DeviceEventError	USB Bus 出现错误
kUSB_DeviceEventDetach	USB 设备从主机拔出
kUSB_DeviceEventAttach	USB 设备插入主机

　　Lite 版端点回调函数完全由应用程序处理。控制端点回调函数的处理非常复杂，它要处理所有的 USB 标准请求和类请求。图 3-6 简单描述了回调函数的处理，通过它可以认识到 Lite 版应用程序的工作方式。当收到 USB 总线复位时，Device 协议栈通过 Device 回调函数通知应用程序；当有控制传输时，Device 协议栈通过控制端点回调函数通知应用程序；如果应用程序解析出是设置配置（Set Configuration）或设置接口（Set Interface），应用程序需要重新初始化非控制端点并准备 USB 数据传输。

图 3-6　Lite 回调函数的处理

Lite 版数据传输的流程如图 3-7 所示。在初始化端点时（调用 USB_DeviceInitEndpoint），会传入端点的回调函数作参数。然后进行每次数据传输时（调用 USB_DeviceSendRequest 或 USB_DeviceRecvRequest），传输结果通过回调函数异步通知应用程序。

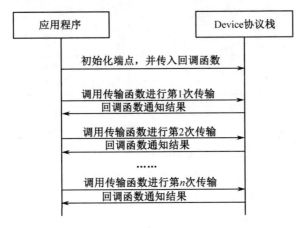

图 3-7　Lite 数据传输

2. 非 Lite 版工作流程

非 Lite 版应用程序提供了全功能的 USB2.0 标准处理和类驱动，用户不用关心端点的初始化和数据处理。非 Lite 版会在处理标准请求、类请求和数据传输的过程中通过类的回调函数和 Device 回调函数与应用程序进行交互，并且上层应用程序不需要关心端点的初始化和端点的回调函数。非 Lite 版增加了类回调函数，扩展了 Device 回调函数的通知。

● 类回调函数：每个类都有一个回调函数，此回调函数通知类相关的请求和数据传输。它通过 USB_DeviceClassInit 的参数传递给类驱动。

Device 回调函数主要增加了表 3-2 所示的通知。

非 Lite 版 Device 回调的处理流程如图 3-8 所示。图 3-8 并不是完整的应用程序工作流程，通过它可以认识到非 Lite 版应用程序的工作方式。当收到 USB 总线复位信号时，标准驱动会初始化控制端点，并通过 Device 回调函数通知应用程序。当获取设备或者配置描述符时，Device 回调函数通知应用程序并从应用程序获得数据。当收到设置配置或接口请求时，标准和类驱动会进行非控制端点的初始化，并通过 Device 回调函数通知应用程序以准备 USB 数据传输。

表 3-2　Device 回调函数通知

通　知	说　明
kUSB_DeviceEventSetConfiguration	收到设置配置（Set Configuration）
kUSB_DeviceEventSetInterface	收到设置接口（Set Interface）
kUSB_DeviceEventGetDeviceDescriptor	获取设备描述符，应用程序传递描述符给协议栈
kUSB_DeviceEventGetConfigurationDescriptor	获取配置描述符，应用程序传递描述符给协议栈
kUSB_DeviceEventGetStringDescriptor	获取字符串描述符，应用程序传递描述符给协议栈
kUSB_DeviceEventGetDeviceQualifierDescriptor	获取 Device Qualifier 描述符，应用程序传递描述符给协议栈
kUSB_DeviceEventVendorRequest	Vendor 相关的控制请求
kUSB_DeviceEventSetRemoteWakeup	使能或关闭远程唤醒功能
kUSB_DeviceEventGetConfiguration	获取当前的配置
kUSB_DeviceEventGetInterface	获取当前的接口

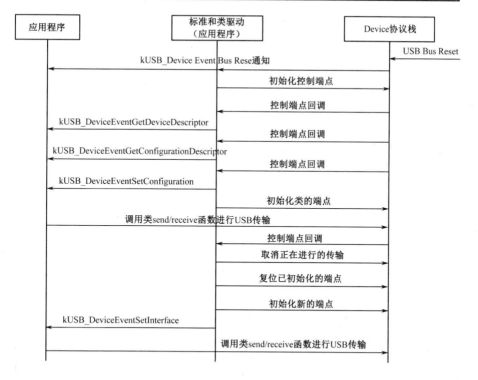

图 3-8　非 Lite 版 Device 回调的处理流程

非 Lite 版传输的流程如图 3-9 所示。上层应用程序不需要关心端点的初始化，类驱动会进行初始化。在调用类接口进行数据传输时，传输结果会通过类回调函数异步通知应用程序。

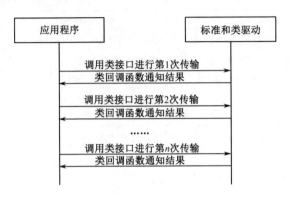

图 3-9　非 Lite 版传输的流程

■ 3.2.4　协议栈接口

Device 协议栈的接口函数如表 3-3 所示。

表 3-3　Device 协议栈的接口函数

函　数	功　能
USB_DeviceInit	基于参数指定的控制器初始化协议栈，并返回 Device 协议栈实例句柄
USB_DeviceRun	设备开始运行，当插入到主机上时此设备就能被识别
USB_DeviceStop	设备停止运行，在此函数被调用后即使插入到主机上，主机也识别不到此设备
USB_DeviceDeinit	复位已初始化 Device 协议栈，在此函数被调用后，Device 句柄变成无效
USB_DeviceSendRequest	向指定的端点发送数据
USB_DeviceRecvRequest	在指定的端点上接收数据
USB_DeviceCancel	取消端点上正在进行的传输
USB_DeviceInitEndpoint	初始化端点
USB_DeviceDeinitEndpoint	复位已初始化的端点
USB_DeviceStallEndpoint	设置端点进入 stall 状态

续表

函　数	功　能
USB_DeviceUnstallEndpoint	清除端点的 stall 状态，进入正常状态
USB_DeviceGetStatus	获取协议栈的指定类型的状态
USB_DeviceSetStatus	设置协议栈的指定类型的状态
USB_DeviceKhciTaskFunction	Kinetis USB 全速控制器驱动任务接口，用于处理传输和状态变化
USB_DeviceEhciTaskFunction	USB EHCI 控制器驱动任务接口，用于处理传输和状态变化
USB_DeviceLpcIp3511TaskFunction	LPC USB IP3511 控制器驱动任务接口，用于处理传输和状态变化
USB_DeviceKhciIsrFunction	Kinetis USB 全速控制器驱动中断服务程序
USB_DeviceEhciIsrFunction	USB EHCI 控制器驱动的中断服务程序
USB_DeviceLpcIp3511IsrFunction	LPC USB IP3511 控制器的中断服务程序
USB_DeviceGetVersion	获取 Device 协议栈的版本

（1）USB_DeviceInit。

参数说明：uint8_t controllerId：指定初始化的控制器。

usb_device_callback_t deviceCallback：协议栈回调函数。

usb_device_handle *handle：返回 Device 协议栈句柄。

函数返回：usb_status_t：成功返回 kStatus_USB_Success，失败返回错误代码。

（2）USB_DeviceDeinit。

参数说明：usb_device_handle handle：USB_DeviceInit 返回的句柄。

函数返回：usb_status_t：成功返回 kStatus_USB_Success，失败返回错误代码。

（3）USB_DeviceRun。

参数说明：usb_device_handle handle：USB_DeviceInit 返回的句柄。

函数返回：usb_status_t：成功返回 kStatus_USB_Success，失败返回错误代码。

（4）USB_DeviceStop。

参数说明：usb_device_handle handle：USB_DeviceInit 返回的句柄。

函数返回：usb_status_t：成功返回 kStatus_USB_Success，失败返回错误代码。

（5）USB_DeviceSendRequest。

参数说明：usb_device_handle handle：USB_DeviceInit 返回的句柄。

uint8_t endpointAddress：端点地址。

uint8_t *buffer：要发送的数据。

uint32_t length：要发送数据长度。

函数返回：usb_status_t：成功返回 kStatus_USB_Success，失败返回错误代码。

（6）USB_DeviceRecvRequest。

参数说明：usb_device_handle handle：USB_DeviceInit 返回的句柄。

uint8_t endpointAddress：端点地址。

uint8_t *buffer：存放接收数据的地址。

uint32_t length：要接收数据长度。

函数返回：usb_status_t：成功返回 kStatus_USB_Success，失败返回错误代码。

（7）USB_DeviceCancel。

参数说明：usb_device_handle handle：USB_DeviceInit 返回的句柄。

uint8_t endpointAddress：端点地址。

函数返回：usb_status_t：成功返回 kStatus_USB_Success，失败返回错误代码。

（8）USB_DeviceInitEndpoint。

参数说明：usb_device_handle handle：USB_DeviceInit 返回的句柄。

usb_device_endpoint_init_struct_t *epInit：端点的配置参数。

usb_device_endpoint_callback_struct_t *endpointCallback：端点传输回调函数的配置参数。

函数返回：usb_status_t：成功返回 kStatus_USB_Success，失败返回错误代码。

（9）USB_DeviceDeinitEndpoint。

参数说明：usb_device_handle handle：USB_DeviceInit 返回的句柄。

uint8_t endpointAddress：端点地址。

函数返回：usb_status_t：成功返回 kStatus_USB_Success，失败返回错误

代码。

（10）USB_DeviceStallEndpoint。

参数说明：usb_device_handle handle：USB_DeviceInit 返回的句柄。

uint8_t endpointAddress：端点地址。

函数返回：usb_status_t：成功返回 kStatus_USB_Success，失败返回错误代码。

（11）USB_DeviceUnstallEndpoint。

参数说明：usb_device_handle handle：USB_DeviceInit 返回的句柄。

uint8_t endpointAddress：端点地址。

函数返回：usb_status_t：成功返回 kStatus_USB_Success，失败返回错误代码。

（12）USB_DeviceGetStatus。

参数说明：usb_device_handle handle：USB_DeviceInit 返回的句柄。

usb_device_status_t type：状态的类型。

void *param：获取的状态返回值。

函数返回：usb_status_t：成功返回 kStatus_USB_Success，失败返回错误代码。

（13）USB_DeviceSetStatus。

参数说明：usb_device_handle handle：USB_DeviceInit 返回的句柄。

usb_device_status_t type：状态的类型。

void *param：要设置的状态值。

函数返回：usb_status_t：成功返回 kStatus_USB_Success，失败返回错误代码。

（14）USB_DeviceKhciTaskFunction。

参数说明：void *deviceHandle：USB_DeviceInit 返回的句柄。

函数返回：无。

（15）USB_DeviceEhciTaskFunction。

参数说明：void *deviceHandle：USB_DeviceInit 返回的句柄。

函数返回：无。

（16）USB_DeviceLpcIp3511TaskFunction。

参数说明：void *deviceHandle：USB_DeviceInit 返回的句柄。

函数返回：无。

（17）USB_DeviceKhciIsrFunction。

参数说明：void *deviceHandle：USB_DeviceInit 返回的句柄。

函数返回：无。

（18）USB_DeviceEhciIsrFunction。

参数说明：void *deviceHandle：USB_DeviceInit 返回的句柄。

函数返回：无。

（19）USB_DeviceLpcIp3511IsrFunction。

参数说明：void *deviceHandle：USB_DeviceInit 返回的句柄。

函数返回：无。

（20）USB_DeviceGetVersion。

参数说明：uint32_t □ version：获取协议栈的版本。

函数返回：无。

3.2.5　控制器驱动接口

每类控制器都向通用控制器驱动提供同样的接口，通用控制器驱动根据控制器类型调用不同的接口实现。此接口的定义如表 3-4 所示。

表 3-4　控制器驱动接口

函数接口	功　能
usb_device_controller_init_t	初始化控制器
usb_device_controller_deinit_t	复位已初始化的控制器
usb_device_controller_send_t	发送数据
usb_device_controller_recv_t	接收数据
usb_device_controller_cancel_t	取消正在进行的传输
usb_device_controller_control_t	控制控制器

EHCI 控制器驱动实现了如表 3-5 所示的接口。

表 3-5　EHCI 控制器驱动接口

函　数	功　能
USB_DeviceEhciInit	初始化 EHCI 控制器
USB_DeviceEhciDeinit	复位已初始化的 EHCI 控制器
USB_DeviceEhciSend	驱动 EHCI 发送数据
USB_DeviceEhciRecv	驱动 EHCI 接收数据
USB_DeviceEhciCancel	取消正在进行的传输
USB_DeviceEhciControl	控制 EHCI

（1）usb_device_controller_init_t。

参数说明：uint8_t controllerId：指定初始化的控制器。

usb_device_handle handle：USB_DeviceInit 返回的句柄。

usb_device_controller_handle *controllerHandle：返回控制器驱动句柄。

函数返回：usb_status_t：成功返回 kStatus_USB_Success，失败返回错误代码。

（2）usb_device_controller_deinit_t。

参数说明：usb_device_controller_handle controllerHandle：usb_device_controller_init_t 返回的句柄。

函数返回：usb_status_t：成功返回 kStatus_USB_Success，失败返回错误代码。

（3）usb_device_controller_send_t。

参数说明：usb_device_controller_handle controllerHandle：usb_device_controller_init_t 返回的句柄。

uint8_t endpointAddress：端点地址。

uint8_t *buffer：要发送的数据。

uint32_t length：要发送数据长度。

函数返回：usb_status_t：成功返回 kStatus_USB_Success，失败返回错误代码。

（4）usb_device_controller_recv_t。

参数说明：usb_device_controller_handle controllerHandle：usb_device_controller_init_t 返回的句柄。

uint8_t endpointAddress：端点地址。

uint8_t *buffer：存放接收数据的地址。

uint32_t length：要接收数据长度。

函数返回：usb_status_t：成功返回 kStatus_USB_Success，失败返回错误代码。

（5）usb_device_controller_cancel_t。

参数说明：usb_device_controller_handle controllerHandle：usb_device_controller_init_t 返回的句柄。

uint8_t endpointAddress：端点地址。

函数返回：usb_status_t：成功返回 kStatus_USB_Success，失败返回错误代码。

（6）usb_device_controller_control_t。

参数说明：usb_device_controller_handle controllerHandle：usb_device_controller_ init_t 返回的句柄。

uint8_t endpointAddress：端点地址。

usb_device_control_type_t command：控制的类型。

void *param：控制参数。

函数返回：usb_status_t：成功返回 kStatus_USB_Success，失败返回错误代码。

3.2.6 HID 类接口

此接口属于应用层，为方便用户使用 Device 协议栈而提供的全功能类驱动。此驱动与上层应用程序通过 API 接口和类回调函数进行交互。API 接口的定义如表 3-6 所示。

表 3-6　HID 类接口

函　数	功　能
USB_DeviceHidInit	初始化 HID 类驱动
USB_DeviceHidDeinit	复位已初始化的 HID 类驱动
USB_DeviceHidSend	发送数据（异步函数），结果通过类回调函数通知
USB_DeviceHidRecv	接收数据（异步函数），异步函数结果通过类回调函数通知

类回调函数的通知如表 3-7 所示。

表 3-7　HID 类通知

函　　数	功　　能
kUSB_DeviceHidEventSendResponse	调用 USB_DeviceHidSend 发送数据完成的通知
kUSB_DeviceHidEventRecvResponse	调用 USB_DeviceHidRecv 接收数据完成的通知
kUSB_DeviceHidEventGetReport	获取 Report
kUSB_DeviceHidEventSetReport	设置 Report
kUSB_DeviceHidEventRequestReportBuffer	当收到主机设置 Report 时，获取保存 Report 的存储地址
kUSB_DeviceHidEventGetProtocol	获取 protocol
kUSB_DeviceHidEventSetProtocol	设置 protocol
kUSB_DeviceHidEventGetIdle	获取 Idle
kUSB_DeviceHidEventSetIdle	设置 Idle

3.2.7　MSC 类接口

此接口属于应用层，为方便用户使用 Device 协议栈而提供的全功能类驱动。此驱动与上层应用程序通过 API 接口和类回调函数进行交互。此接口的定义如表 3-8 所示。

表 3-8　MSC 类接口

函　　数	功　　能
USB_DeviceMscInit	初始化 MSC 类驱动
USB_DeviceMscDeinit	复位已初始化的 MSC 类驱动

类回调函数的通知如表 3-9 所示。

表 3-9　MSC 类通知

函　　数	功　　能
kUSB_DeviceMscEventReadRequest	设备收到主机的读请求，准备要传输的数据
kUSB_DeviceMscEventReadResponse	主机读完成
kUSB_DeviceMscEventWriteRequest	设备收到主机的写请求，准备接收数据的存储地址
kUSB_DeviceMscEventWriteResponse	主机写完成

续表

函　　数	功　　能
kUSB_DeviceMscEventGetLbaInformation	获取 MSC Device 的信息
kUSB_DeviceMscEventFormatComplete	格式化完成
kUSB_DeviceMscEventTestUnitReady	获取 test unit ready 的数据
kUSB_DeviceMscEventInquiry	获取 inquiry 的数据
kUSB_DeviceMscEventModeSense	获取 mode sense 的数据
kUSB_DeviceMscEventModeSelect	获取存储地址用于接收 mode select 数据
kUSB_DeviceMscEventModeSelectResponse	Device 接收完 mode select 数据之后的通知
kUSB_DeviceMscEventRemovalRequest	获取是否可以 remove

3.2.8　CDC 类接口

此接口属于应用层，为方便用户使用 Device 协议栈而提供的全功能类驱动。此驱动与上层应用程序通过 API 接口和类回调函数进行交互。此接口的定义如表 3-10 所示。

表 3-10　CDC 类接口

函　　数	功　　能
USB_DeviceCdcAcmInit	初始化 CDC 类驱动
USB_DeviceCdcAcmDeinit	复位初始化的 CDC 类驱动
USB_DeviceCdcAcmSend	发送数据（异步函数），结果通过类回调函数通知
USB_DeviceCdcAcmRecv	接收数据（异步函数），异步函数结果通过类回调函数通知

类回调函数的通知如表 3-11 所示。

表 3-11　CDC 类通知

函　　数	功　　能
kUSB_DeviceCdcEventSendResponse	调用 USB_DeviceCdcAcmSend 发送数据完成
kUSB_DeviceCdcEventRecvResponse	调用 USB_DeviceCdcAcmRecv 接收数据完成
kUSB_DeviceCdcEventSerialStateNotif	Serial State 数据已经发送给主机
kUSB_DeviceCdcEventSendEncapsulatedCommand	Device 收到 SEND_ENCAPSULATED_COMMAND 请求
kUSB_DeviceCdcEventGetEncapsulatedResponse	Device 收到 GET_ENCAPSULATED_RESPONSE 请求

续表

函　数	功　能
kUSB_DeviceCdcEventSetCommFeature	Device 收到 SET_COMM_FEATURE 请求
kUSB_DeviceCdcEventGetCommFeature	Device 收到 GET_COMM_FEATURE 请求
kUSB_DeviceCdcEventClearCommFeature	Device 收到 CLEAR_COMM_FEATURE 请求
kUSB_DeviceCdcEventGetLineCoding	Device 收到 GET_LINE_CODING 请求
kUSB_DeviceCdcEventSetLineCoding	Device 收到 SET_LINE_CODING 请求
kUSB_DeviceCdcEventSetControlLineState	Device 收到 SET_CONTRL_LINE_STATE 请求
kUSB_DeviceCdcEventSendBreak	Device 收到 SEND_BREAK 请求

3.2.9　Audio 类接口

此接口属于应用层，为方便用户使用 Device 协议栈而提供的全功能类驱动。此驱动与上层应用程序通过 API 接口和类回调函数进行交互。此接口的定义如表 3-12 所示。

表 3-12　Audio 类接口

函　数	功　能
USB_DeviceAudioInit	初始化 Audio 类驱动
USB_DeviceAudioDeinit	复位初始化的 Audio 类驱动
USB_DeviceAudioSend	发送数据（异步函数），结果通过类回调函数通知
USB_DeviceAudioRecv	接收数据（异步函数），异步函数结果通过类回调函数通知

类回调函数的通知如表 3-13 所示。

表 3-13　Audio 类通知

函　数	功　能
kUSB_DeviceAudioEventStreamSendResponse	调用 USB_DeviceAudioSend 发送数据完成
kUSB_DeviceAudioEventStreamRecvResponse	调用 USB_DeviceAudioRecv 接收数据完成

Audio 类回调函数包含很多与 Audio 相关的通知，当收到主机请求现在的音量信息时，会有 USB_DEVICE_AUDIO_GET_CUR_VOLUME_CONTROL

通知回调到上层应用程序获得音量值。因篇幅限制本书不一一进行介绍。

■ 3.2.10　Video 类接口

Video 类接口属于应用层，为方便用户使用 Device 协议栈而提供的全功能类驱动。此驱动与上层应用程序通过 API 接口和类回调函数进行交互。此接口的定义如表 3-14 所示。

表 3-14　Video 类接口

函　数	功　能
USB_DeviceVideoInit	初始化 Video 类驱动
USB_DeviceVideoDeinit	复位初始化的 Video 类驱动
USB_DeviceVideoSend	发送数据（异步函数），结果通过类回调函数通知
USB_DeviceVideoRecv	接收数据（异步函数），异步函数结果通过类回调函数通知

类回调函数的通知如表 3-15 所示。

表 3-15　Video 类通知

函　数	功　能
kUSB_DeviceVideoEventStreamSendResponse	调用 USB_DeviceVideoSend 发送数据完成
kUSB_DeviceVideoEventStreamRecvResponse	调用 USB_DeviceVideoRecv 接收数据完成
kUSB_DeviceVideoEventClassRequestBuffer	获取存储地址，用于接收 Video 类请求的数据

Video 类回调函数包含很多与 Video 相关的通知，例如，主机设置帧率时，会有 USB_DEVICE_VIDEO_GET_LEN_VS_PROBE_CONTROL，USB_DEVICE_VIDEO_GET_CUR_VS_PROBE_CONTROL 和 USB_DEVICE_VIDEO_SET_CUR_VS_PROBE_CONTROL 等一系列通知回调到上层应用程序。因篇幅限制本书不一一进行介绍。

3.3　Host 协议栈

■ 3.3.1　协议栈架构

Host 协议栈的架构如图 3-10 所示。它由类驱动、Host 驱动、特定控制器驱动和 RTOS 适配层组成。在它的下面是 USB 硬件控制器，在它的上面是应用程序。从图 3-10 可以看出，类驱动基于 Host 驱动实现，应用程序基于类驱动接口和 Host 驱动接口实现。

- 类驱动：实现类的数据发送接收功能、类特有的请求功能。

- Host 驱动：实现标准 USB 请求、连接设备的枚举和连接设备的管理。

- 特定控制器驱动：USB 控制器种类较多，每种控制器都要实现特定的驱动。

- RTOS 适配层：参照 Device 协议栈的描述。

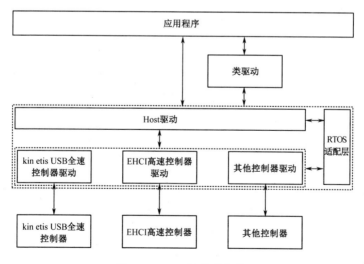

图 3-10　Host 协议栈架构

■■3.3.2 协议栈初始化流程

应用程序对 Host 协议栈的初始化流程如图 3-11 所示。

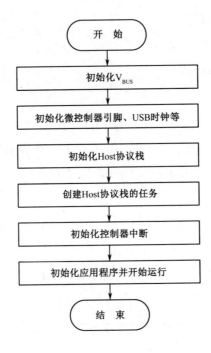

图 3-11 Host 初始化流程

（1）如果板子设计使用 GPIO 控制 V_{BUS}，初始化 GPIO 并且控制 GPIO 输出使能 V_{BUS}。

（2）初始化微控制器引脚功能、USB 相关的时钟等。

（3）调用 USB_HostInit 初始化 Host 协议栈。此函数会返回 Host 协议栈实例句柄，它代表一个 Host 协议栈的实例，对此实例的任何操作都使用此句柄。

（4）创建 Host 协议栈的任务。Host 协议栈为每一类控制器提供了一个任务接口函数。在 RTOS 环境下，用户需要用此接口创建一个任务，并且以传递初始化协议栈时获得的协议栈句柄为参数。如下面代码所示，USB_HostKhciTaskFunction()是 Host 协议栈提供的任务接口函数，用一个死循环函数调用此接口，然后用此函数创建一个 RTOS 任务。

```
void USB_DeviceTask(void *handle)
{
    while (1U)
    {
        USB_HostKhciTaskFunction (handle);
    }
}
```

在裸板环境下，用户需要以轮询的方式调用此任务接口函数。

（5）初始化控制器中断。Host 协议栈中的每类控制器驱动都提供了一个中断处理函数接口，应用程序需要把此接口关联到控制器的 USB 中断上，并且传输初始化协议栈时获得的协议栈句柄作参数。如下面代码所示，把接口函数 USB_HostKhci- IsrFunction 关联到 USB0 的中断处理函数上。

```
void USB0_IRQHandler(void)
{
    USB_HostKhciIsrFunction(Host Handle);
}
```

设置中断的优先级并使能中断。

（6）初始化应用程序并开始运行。

3.3.3　协议栈工作流程

1. Host 协议栈整体工作流程

Host 协议栈整体工作流程如图 3-12 所示。

（1）初始化 Host 协议栈。参照上节此处会调用 USB_HostInit，此函数会传递一个回调函数到 Host 协议栈。协议栈通过此回调函数通知应用程序枚举流程和协议栈状态。

（2）等待回调函数进行设备枚举、连接和断开连接等通知，并进行处理。

（3）如果枚举流程成功，则代表应用程序支持连接的设备。根据连接设备初始化类驱动，然后进行应用程序的数据传输。

（4）如果枚举流程失败，则代表应用程序不支持连接的设备。

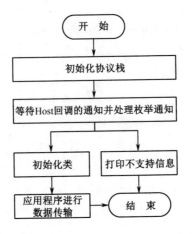

图 3-12　Host 协议栈整体工作流程

2. Host 协议栈枚举流程

Host 协议栈对连接的设备进行枚举、连接和断开连接的流程如图 3-13 所示。Host 协议栈通过回调函数通知应用程序枚举的流程。表 3-16 描述了枚举相关的通知。

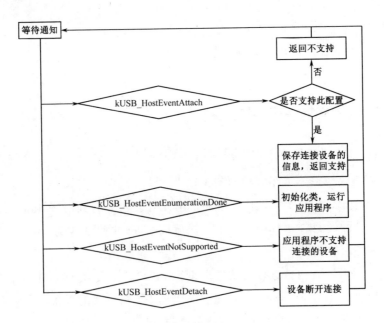

图 3-13　Host 协议栈枚举流程

表 3-16　Host 协议栈通知

函　数	功　能
kUSB_HostEventAttach	Device 已经连接，并且获取了配置描述符。应用程序依据配置描述符判断是否支持连接的 Device，并把结果返回给协议栈
kUSB_HostEventDetach	已连接的 Device 断开连接
kUSB_HostEventEnumerationDone	如果应用程序在 kUSB_HostEventAttach 时返回支持，Host 协议栈在随后会进行此通知
kUSB_HostEventNotSupported	已连接 Device 的所有的配置描述符应用程序都不支持

（1）当收到 kUSB_HostEventAttach 通知时，配置信息通过此回调传递给应用程序，应用程序要判断是否支持此配置，并把结果返回给协议栈。Host 协议栈会遍历连接设备的所有的配置描述符，依次通过此通知判断应用程序是否支持。如果支持应用程序，则要保留设备的信息。

（2）当收到 kUSB_HostEventEnumerationDone 通知时，表示协议栈已经对连接的设备发送了设置配置请求并且枚举成功。只有当收到 kUSB_HostEventAttach 通知时应用程序返回了支持之后，协议栈才会有此通知。在收到此通知之后，应用程序开始进行连接设备对应的类驱动初始化，然后运行应用程序。

（3）当收到 kUSB_HostEventNotSupported 通知时，表示不支持连接的设备。当设备所有配置的 kUSB_HostEventAttach 通知应用程序都返回不支持时，协议栈会有此通知。

（4）当收到 kUSB_HostEventDetach 通知时，表示连接的设备已经断开了连接。这时应用程序要复位已初始化的类驱动。

注意：（1）当连接的设备只有一个配置，且 Host 应用程序支持此配置时，通知的流程为 kUSB_HostEventAttach→kUSB_HostEventEnumerationDone。（2）当连接的设备有两个配置，且 Host 应用程序都不支持时，通知的流程为 kUSB_HostEventAttach（第一个配置）→kUSB_HostEventAttach（第二个配置）→kUSB_HostEventNotSupported。

3. 类初始化流程

应用程序进行类初始化的流程如图 3-14 所示，描述 HID 和 Audio 类初始化流程，其他类初始化类似。在收到 kUSB_HostEventEnumerationDone 之后，首先调用类驱动接口初始化类，然后调用类驱动接口设置类的接口，最后等待设置接口的回调结果。如果设置成功后面运行应用程序进行类的数据传输。当收到 kUSB_HostEventDetach 之后调用类驱动接口复位已初始化的类。

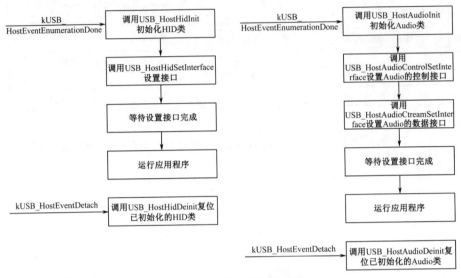

图 3-14　类初始化流程

4. 数据传输流程

USB Host 协议栈数据传输都是异步的，如图 3-15 所示。每一次传输都要设置对应的回调函数，当应用程序调用传输接口函数进行传输时，此函数不会等待传输完成后再返回，而是初始化好传输之后就返回。传输的结果通过回调函数通知应用程序。

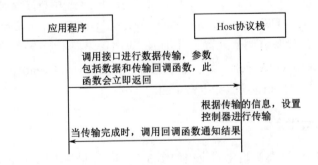

图 3-15　Host 数据传输流程

3.3.4 Host 驱动接口

由图 3-10 可以看出,此接口的使用者是应用程序和类驱动。除协议栈初始化过程中应用程序会调用 Host 驱动接口外,大部分情况下应用程序完全基于类驱动接口实现,而不需要调用此接口。

1. 应用程序使用的接口

表 3-17 所示为推荐应用程序使用的接口。

表 3-17　推荐应用程序使用的 Host 驱动接口

函　数	功　能
USB_HostInit	初始化 Host 协议栈,并返回代表此实例的协议栈句柄
USB_HostDeinit	复位已初始化的 Host 协议栈
USB_HostHelperGetPeripheralInformation	根据信息类型获取连接设备的信息
USB_HostHelperParseAlternateSetting	解析某个接口的 alternate setting 接口信息
USB_HostRemoveDevice	主动断开设备的连接
USB_HostKhciTaskFunction	Kinetis 全速控制器驱动 task
USB_HostEhciTaskFunction	EHCI 高速控制器驱动 task
USB_HostOhciTaskFunction	OHCI 全速控制器驱动 task
USB_HostIp3516HsTaskFunction	LPC 高速控制器驱动 task
USB_HostKhciIsrFunction	Kinetis 全速控制器驱动中断服务程序
USB_HostEhciIsrFunction	EHCI 控制器驱动中断服务程序
USB_HostOhciIsrFunction	OHCI 控制器驱动中断服务程序
USB_HostIp3516HsIsrFunction	LPC 高速控制器驱动中断服务程序
USB_HostGetVersion	获取 Host 协议栈的版本

(1) USB_HostInit。

参数说明:uint8_t controllerId:指定初始化的控制器。

　　　　　usb_host_handle *hostHandle:返回 Host 协议栈句柄。

　　　　　host_callback_t callbackFn:协议栈回调函数。

函数返回:usb_status_t:成功返回 kStatus_USB_Success,失败返回错误代码。

(2) USB_HostDeinit。

参数说明:usb_host_handle hostHandle:USB_HostInit 返回的句柄。

函数返回：usb_status_t：成功返回 kStatus_USB_Success，失败返回错误代码。

（3）USB_HostHelperGetPeripheralInformation。

参数说明：usb_device_handle deviceHandle：连接设备的句柄。

uint32_t infoCode：获取信息的类型。

uint32_t *infoValue：获取的信息。

函数返回：usb_status_t：成功返回 kStatus_USB_Success，失败返回错误代码。

（4）USB_HostHelperParseAlternateSetting。

参数说明：usb_host_interface_handle interfaceHandle：接口的句柄，它代表连接设备的一个接口信息。

uint8_t alternateSetting：alternate setting 值。

usb_host_interface_t *interface：解析后的接口信息。

函数返回：usb_status_t：成功返回 kStatus_USB_Success，失败返回错误代码。

（5）USB_HostRemoveDevice。

参数说明：usb_host_handle hostHandle：USB_HostInit 返回的句柄。

usb_device_handle deviceHandle：连接设备的句柄。

函数返回：usb_status_t：成功返回 kStatus_USB_Success，失败返回错误代码。

（6）USB_HostKhciTaskFunction。

参数说明：void *hostHandle：USB_HostInit 返回的句柄。

函数返回：无。

（7）USB_HostEhciTaskFunction。

参数说明：void *hostHandle：USB_HostInit 返回的句柄。

函数返回：无。

（8）USB_HostOhciTaskFunction。

参数说明：void *hostHandle：USB_HostInit 返回的句柄。

函数返回：无。

（9）USB_HostIp3516HsTaskFunction。

参数说明：void *hostHandle：USB_HostInit 返回的句柄。

函数返回：无。

（10）USB_HostKhciIsrFunction。

参数说明：void *hostHandle：USB_HostInit 返回的句柄。

函数返回：无。

（11）USB_HostEhciIsrFunction。

参数说明：void *hostHandle：USB_HostInit 返回的句柄。

函数返回：无。

（12）USB_HostOhciIsrFunction。

参数说明：void *hostHandle：USB_HostInit 返回的句柄。

函数返回：无。

（13）USB_HostIp3516HsIsrFunction。

参数说明：void *hostHandle：USB_HostInit 返回的句柄。

函数返回：无。

（14）USB_HostGetVersion。

参数说明：uint32_t*version：获取版本信息。

涵数返回：无。

2. 类驱动使用的接口

表 3-18 所示的接口不是推荐应用程序使用的，而是类驱动使用的。

表 3-18　非推荐应用程序使用的 Host 驱动接口

函　数	功　能
USB_HostOpenPipe	打开并初始化某个端点对应的管道
USB_HostClosePipe	关闭并复位已初始化的某个管道
USB_HostSend	通过某个管道发送数据
USB_HostSendSetup	通过控制管道进行数据传输
USB_HostRecv	通过某个管道接收数据
USB_HostCancelTransfer	取消正在进行的传输或管道上所有的传输
USB_HostMallocTransfer	从协议栈分配一个传输资源用于传输
USB_HostFreeTransfer	释放已经分配的传输资源
USB_HostRequestControl	进行标准请求
USB_HostOpenDeviceInterface	使用 Device 的某个接口
USB_HostCloseDeviceInterface	不再使用某个接口
USB_HostGetVersion	获取版本信息

（1）USB_HostOpenPipe。

参数说明：usb_host_handle hostHandle：USB_HostInit 返回的句柄。

usb_host_pipe_handle *pipeHandle：被初始化管道的句柄，用于后面对此管道的操作。

usb_host_pipe_init_t *pipeInit：初始化管道所需要的参数。

函数返回：usb_status_t：成功返回 kStatus_USB_Success，失败返回错误代码。

（2）USB_HostClosePipe。

参数说明：usb_host_handle hostHandle：USB_HostInit 返回的句柄。

usb_host_pipe_handle pipeHandle：USB_HostOpenPipe 返回的管道句柄。

函数返回：usb_status_t：成功返回 kStatus_USB_Success，失败返回错误代码。

（3）USB_HostSend。

参数说明：usb_host_handle hostHandle：USB_HostInit 返回的句柄。

usb_host_pipe_handle pipeHandle：USB_HostOpenPipe 返回的管道句柄。

usb_host_transfer_t *transfer：通过 USB_HostMallocTransfer 获取，保存传输的信息。

函数返回：usb_status_t：成功返回 kStatus_USB_Success，失败返回错误代码。

（4）USB_HostSendSetup。

参数说明：usb_host_handle hostHandle：USB_HostInit 返回的句柄。

usb_host_pipe_handle pipeHandle：USB_HostOpenPipe 返回的管道句柄。

usb_host_transfer_t *transfer：通过 USB_HostMallocTransfer 获取，保存传输的信息。

函数返回：usb_status_t：成功返回 kStatus_USB_Success，失败返回错误代码。

（5）USB_HostRecv。

参数说明：usb_host_handle hostHandle：USB_HostInit 返回的句柄。

usb_host_pipe_handle pipeHandle：USB_HostOpenPipe 返回的管道句柄。

usb_host_transfer_t *transfer：通过 USB_HostMallocTransfer 获取，保存传输的信息。

函数返回：usb_status_t：成功返回 kStatus_USB_Success，失败返回错误代码。

（6）USB_HostCancelTransfer。

参数说明：usb_host_handle hostHandle：USB_HostInit 返回的句柄。

usb_host_pipe_handle pipeHandle：USB_HostOpenPipe 返回的管道句柄。

usb_host_transfer_t *transfer：正在进行的传输。

函数返回：usb_status_t：成功返回 kStatus_USB_Success，失败返回错误代码。

（7）USB_HostMallocTransfer。

参数说明：usb_host_handle hostHandle：USB_HostInit 返回的句柄。

usb_host_transfer_t **transfer：返回分配的传输资源。

函数返回：usb_status_t：成功返回 kStatus_USB_Success，失败返回错误代码。

（8）USB_HostFreeTransfer。

参数说明：usb_host_handle hostHandle：USB_HostInit 返回的句柄。

usb_host_transfer_t *transfer：通过 USB_HostMallocTransfer 分配的传输资源。

函数返回：usb_status_t：成功返回 kStatus_USB_Success，失败返回错误代码。

（9）USB_HostRequestControl。

参数说明：usb_device_handle deviceHandle：连接设备的句柄。

uint8_t usbRequest：标准请求的类型。

usb_host_transfer_t *transfer：通过 USB_HostMallocTransfer 获取，用于进行标准请求的传输。

void *param：传输的参数信息。

函数返回：usb_status_t：成功返回 kStatus_USB_Success，失败返回错误代码。

（10）USB_HostOpenDeviceInterface。

参数说明：usb_device_handle deviceHandle：连接设备的句柄。

usb_host_interface_handle interfaceHandle：被打开和使用的接口。

函数返回：usb_status_t：成功返回 kStatus_USB_Success，失败返回错误代码。

（11）USB_HostCloseDeviceInterface。

参数说明：usb_device_handle deviceHandle：连接设备的句柄。

usb_host_interface_handle interfaceHandle：关闭已经通过 USB_HostOpenDeviceInterface 使用的接口。

函数返回：usb_status_t：成功返回 kStatus_USB_Success，失败返回错误代码。

（12）USB_HostGetVersion。

参数说明：uint32_t *version：获取版本信息。

函数返回：无。

3.3.5 控制器驱动接口

每类控制器都会向 Host 驱动提供统一的接口，Host 驱动根据控制器类型调用不同的接口实现。此接口的定义如表 3-19 所示。

表 3-19 控制器驱动接口

函数接口	功 能
controllerCreate	初始化控制器
controllerDestory	复位初始化的控制器
controllerOpenPipe	初始化通信管道
controllerClosePipe	复位已初始化通信管
controllerWritePipe	发送数据
controllerReadPipe	接收数据
controllerIoctl	控制控制器

例如，EHCI 控制器驱动实现了如表 3-20 所示的接口。

表 3-20　EHCI 控制器驱动接口

函　　数	功　　能
USB_HostEhciCreate	初始化 EHCI 控制器
USB_HostEhciDestory	复位初始化的 EHCI 控制器
USB_HostEhciOpenPipe	初始化 EHCI 通信管道
USB_HostEhciClosePipe	复位初始化的 EHCI 通信管道
USB_HostEhciWritePipe	驱动 EHCI 发送数据
USB_HostEhciReadpipe	驱动 EHCI 接收数据
USB_HostEhciIoctl	控制 EHCI

（1）controllerCreate。

参数说明：uint8_t controllerId：指定初始化的控制器。

usb_host_handle upperLayerHandle：USB_HostInit 返回的句柄。

usb_device_controller_handle *controllerHandle：返回控制器驱动句柄。

函数返回：usb_status_t：成功返回 kStatus_USB_Success，失败返回错误代码。

（2）controllerDestory。

参数说明：usb_device_controller_handle controllerHandle：controllerCreate 返回的句柄。

函数返回：usb_status_t：成功返回 kStatus_USB_Success，失败返回错误代码。

（3）controllerOpenPipe。

参数说明：usb_device_controller_handle controllerHandle：controllerCreate 返回的句柄。

usb_host_pipe_handle *pipeHandle：返回已初始化的管道句柄。

usb_host_pipe_init_t *pipeInit：初始化管道的参数。

函数返回：usb_status_t：成功返回 kStatus_USB_Success，失败返回错误代码。

（4）controllerClosePipe。

参数说明：usb_device_controller_handle controllerHandle：controllerCreate

返回的句柄。

　　　　　　　　usb_host_pipe_handle pipeHandle：已初始化的管道句柄。

函数返回：usb_status_t：成功返回 kStatus_USB_Success，失败返回错误代码。

（5）controllerWritePipe。

参数说明：usb_device_controller_handle controllerHandle：controllerCreate 返回的句柄。

　　　　　　　　usb_host_pipe_handle pipeHandle：已初始化的管道句柄。

　　　　　　　　usb_host_transfer_t *transfer：描述传输的内容。

函数返回：usb_status_t：成功返回 kStatus_USB_Success，失败返回错误代码。

（6）controllerReadPipe。

参数说明：usb_device_controller_handle controllerHandle：controllerCreate 返回的句柄。

　　　　　　　　usb_host_pipe_handle pipeHandle：已初始化的管道句柄。

　　　　　　　　usb_host_transfer_t *transfer：描述传输的内容。

函数返回：usb_status_t：成功返回 kStatus_USB_Success，失败返回错误代码。

（7）controllerIoctl。

参数说明：usb_device_controller_handle controllerHandle：controllerCreate 返回的句柄。

　　　　　　　　uint32_t ioctlEvent：控制的类型。

　　　　　　　　void *ioctlParam：控制参数。

函数返回：usb_status_t：成功返回 kStatus_USB_Success，失败返回错误代码。

3.3.6　HID 类接口

HID 类驱动接口的定义如表 3-21 所示。

表 3-21　HID 类接口

函　　数	功　　能
USB_HostHidInit	初始化 HID 类实例
USB_HostHidSetInterface	设置连接设备的 HID 接口到初始化的 HID 类实例上
USB_HostHidDeinit	释放已初始化的 HID 类实例
USB_HostHidGetPacketsize	获取 HID endpoin 的最大数据包值
USB_HostHidGetReportDescriptor	获取连接设备的 report 描述符
USB_HostHidRecv	接收数据
USB_HostHidSend	发送数据
USB_HostHidGetIdle	获取连接设备的 idle rate
USB_HostHidSetIdle	设置连接设备的 idle rate
USB_HostHidGetProtocol	获取连接设备的 protocol
USB_HostHidSetProtocol	设置连接设备的 protocol
USB_HostHidGetReport	获取连接设备的 report
USB_HostHidSetReport	设置连接设备的 report

3.3.7　MSC 类接口

MSC 类驱动接口的定义如表 3-22 所示。

表 3-22　MSD 类接口

函　　数	功　　能
USB_HostMsdInit	初始化 MSC 类实例
USB_HostMsdSetInterface	设置连接设备的 MSC 接口到初始化的 MSC 类实例上
USB_HostMsdDeinit	释放已初始化的 MSC 类实例
USB_HostMsdMassStorageReset	进行 mass storage reset
USB_HostMsdGetMaxLun	获取连接设备的最大 LUN
USB_HostMsdRead10	向连接的设备读数据
USB_HostMsdRead12	向连接的设备读数据
USB_HostMsdWrite10	向连接的设备写数据
USB_HostMsdWrite12	向连接的设备写数据

续表

函 数	功 能
USB_HostMsdReadCapacity	获取连接设备的存储大小
USB_HostMsdTestUnitReady	获取连接设备是否准备好
USB_HostMsdRequestSense	获取连接设备的 sense 数据
USB_HostMsdModeSelect	设置连接设备的 mode 参数
USB_HostMsdModeSense	获取连接设备的 mode 参数
USB_HostMsdInquiry	获取连接设备的 inquiry 数据
USB_HostMsdReadFormatCapacities	获取连接设备的 format capacities 数据
USB_HostMsdFormatUnit	对连接设备进行 format
USB_HostMsdPreventAllowRemoval	设置设备是否可移除
USB_HostMsdWriteAndVerify	传输数据到连接的设备并进行验证
USB_HostMsdStartStopUnit	设置连接的设备使能或禁止媒介操作
USB_HostMsdVerify	对媒介中的数据进行验证
USB_HostMsdRezeroUnit	实现 REZERO UNIT 命令
USB_HostMsdSeek10	实现 SEEK(10)命令
USB_HostMsdRezeroUnit	实现 SEND DIAGNOSTIC 命令

■ 3.3.8 CDC 类接口

CDC 类驱动接口的定义如表 3-23 所示。

表 3-23 CDC 类接口

函 数	功 能
USB_HostCdcInit	初始化 CDC 类实例
USB_HostCdcSetDataInterface	设置连接设备的 CDC 数据接口到初始化的 CDC 类实例上
USB_HostCdcSetControlInterface	设置连接设备的 CDC 控制接口到初始化的 CDC 类实例上
USB_HostCdcDeinit	释放已初始化的 CDC 类实例
USB_HostCdcGetPacketsize	获取 CDC endpoin 的最大数据包值
USB_HostCdcDataRecv	接收数据
USB_HostCdcDataSend	发送数据
USB_HostCdcInterruptRecv	通过中断断点接收数据

续表

函　数	功　能
USB_HostCdcGetAcmLineCoding	获取连接设备的 line coding
USB_HostCdcSetAcmCtrlState	设置连接设备的 control line state
USB_HostCdcSendEncapsulatedCommand	实现协议中的 SEND_ENCAPSULATED_COMMAND
USB_HostCdcGetEncapsulatedResponse	实现协议中的 GET_ENCAPSULATED_RESPONSE
USB_HostCdcGetAcmDescriptor	获取连接设备的类相关的描述符
USB_HostCdcControl	进行控制传输

3.3.9　Audio 类接口

Audio 类驱动接口的定义如表 3-24 所示。

表 3-24　Audio 类接口

函　数	功　能
USB_HostAudioInit	初始化 Audio 类实例
USB_HostAudioStreamSetInterface	设置连接设备的 Audio 数据接口到初始化的 Audio 类实例上
USB_HostAudioControlSetInterface	设置连接设备的 CDC 控制接口到初始化的 Audio 类实例上
USB_HostAudioDeinit	释放已初始化的 Audio 类实例
USB_HostAudioPacketSize	获取 Audio endpoin 的最大数据包值
USB_HostAudioStreamRecv	接收数据
USB_HostAudioStreamSend	发送数据
USB_HostAudioStreamGetCurrentAltsettingDescriptors	获取连接设备的类相关的描述符
USB_HostAudioFeatureUnitRequest	实现 Audio 类请求
USB_HostAudioEndpointRequest	实现 Audio 端点相关的类请求

第 4 章

USB HID 类应用开发

4.1　简介

4.1.1　什么是 HID

HID 是人机交互接口设备（Human Interface Devices）的简称。

HID 类主要用于人机交互，实现人对计算机系统的控制。

HID 设备的典型例子包括：

- 键盘和指向设备，如标准的鼠标键盘设备、轨迹球和操纵杆。
- 面板控制设备，如旋钮、开关、按钮等。
- 游戏模拟设备，如数据手套、方向盘和踏板等。
- 不需要人机交互，但会按照类似的格式提供数据的设备，如条形码阅读器、温度计等。

本章首先讲述 HID 类的一些基本概念，接下来介绍描述符及请求的相关内容，最后会展示一个基于 NXP 公司的 SDK 进行 HID 类应用开发的实例。

4.1.2　HID 类

USB 设备是按类来进行划分的，对于属于同一个类的设备：

- 数据传输需求是类似的。
- 可以共享同一个类驱动。

USB 规范为 HID 类分配了类编码，其值为 3。

HID 设备在接口描述符中的 bInterfaceClass 域指定本接口为 HID 类。

4.1.3 子类及编码

HID 子类在接口描述符中的 bInterfaceSubclass 域定义，其编码如表 4-1 所示。

表 4-1 子类编码表

子类编码	描　述
0	无子类
1	引导接口子类
2～255	保留

HID 定义的子类非常少，只有引导接口子类。这是因为 HID 可以支持的应用种类繁多，HID 标准委员会无法为每一类应用都定义一个对应的子类。于是提供了一个面向应用的开放架构——报告描述符。开发人员可以根据当前的应用需求，编写对应的报告描述符实现自定义的数据通信协议。

定义引导接口子类是为了让极度精简的 BIOS 程序能够迅速识别鼠标和键盘。否则，BIOS 程序就要运行复杂的解析器代码来解析报告描述符，然后才能知道该设备是鼠标设备还是键盘设备。

4.1.4 协议编码

协议在接口描述符中的 bInterfaceProtocol 域定义，协议编码如表 4-2 所示。

bInterfaceProtocol 只有在 bInterfaceSubclass 为引导接口子类时才有意义。否则，bInterfaceProtocol 应为 0。

表 4-2　协议编码表

协议编码	描　述
0	无
1	键盘
2	鼠标
3~255	保留

4.1.5　接口

HID 类设备与 HID 类驱动程序使用控制管道（默认）或中断管道进行通信，如图 4-1 所示。

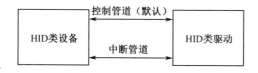

图 4-1　HID 类接口使用的管道

控制管道用于：

● 接收和响应 USB 控制请求及数据传输请求。

● 向主机发送数据。

● 从主机接收数据。

中断管道用于：

● 从设备接收数据。

● 向设备发送低延迟数据。

中断输出管道是可选的：

● 如果已声明中断输出管道，输出报告将通过中断输出管道发送到设备。

● 如果没有声明中断输出管道，输出报告将通过控制管道发送到设备。

HID 类使用的管道如表 4-3 所示。

表 4-3 HID 类使用的管道

管 道	描 述	是否必须
控制管道（端点 0）	用于 USB 标准请求、HID 类相关的请求及消息数据	是
中断输入管道	用于输入数据，即来自设备的数据（流数据）	是
中断输出管道	用于输出数据，即发送到设备的数据（流数据）	否

4.2 描述符及请求

4.2.1 基础知识

1. 描述符结构

描述符结构如图 4-2 所示。

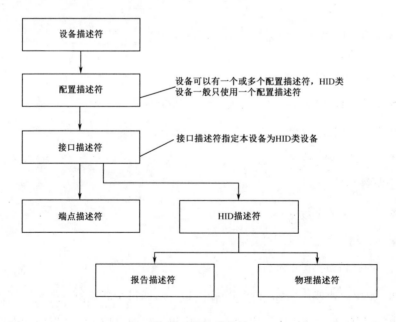

图 4-2 描述符结构

2. 报告描述符

报告描述符是由一条一条的信息组成的，每一条信息称为项，如图 4-3 所示。

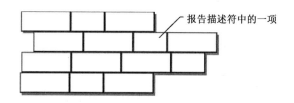

报告描述符中的一项

图 4-3　报告描述符由项构成

3. 通用项格式

一个项就是关于设备的一条信息。所有的项都有 1 个字节的前缀表示对应的标记、类型及长度，如图 4-4 所示。

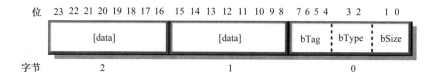

位	23 22 21 20 19 18 17 16	15 14 13 12 11 10 9 8	7 6 5 4	3 2	1 0
	[data]	[data]	bTag	bType	bSize
字节	2	1		0	

图 4-4　通用项格式

4. 项解析器

HID 类驱动程序包含一个项解析器，用于分析报告描述符中的项。解析器在遍历报告描述符时收集每个已知项的状态，并将它们存储在项状态表中。

从项解析器的角度来看，HID 设备如图 4-5 所示。

当遇到主项、PUSH 项和 POP 项时，项状态表的内容将会被改变：

● 遇到主项时，会分配并初始化新的报告结构，删除局部项，保留全局项。

● 遇到 PUSH 项时，会压栈项状态表。

● 遇到 POP 项时，会出栈项状态表。

例如，Unit (Meter), Unit Exponent (-3), Push, Unit Exponent (0)。

当解析器解析到 Push 项时，将 Unit Exponent (-3)压入栈，然后将下一项 Unit Exponent (0)设置为新的项状态表的值。

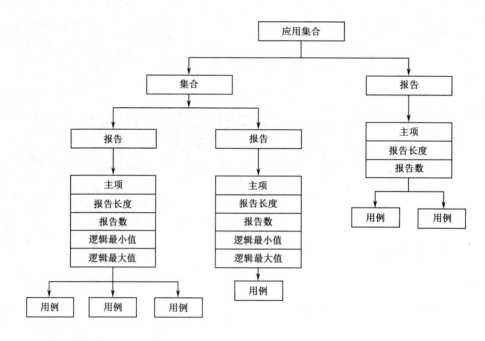

图 4-5　从项解析器的角度看 HID 设备

5. 用例

用例是报告描述符的一部分，用于提供控制量相关的信息。

例如，通过用例标记可以定义三个 8 位的域分别表示 *X, Y, Z* 三个方向的输入。

用例是用 32 位的无符号整数表示的，高 16 位为用例页数，低 16 位为用例 ID。用例 ID 用于在用例页中选择某个用例。

6. 报告

大多数设备通过返回按顺序表示的数据结构来生成报告，但某些设备的多个报告可能通过同一个管道上传。

例如，集成指向设备的键盘可以通过同一个管道独立地报告按键数据和指向数据。此时，报告 ID 用于指示每个报告的含义。

报告 ID 为每个报告分配 1 个字节的识别前缀。如果报告描述符中没有报告 ID，则默认只有一个输入报告、一个输出报告和一个特性报告。输入报告通过中断输入管道传输。输出报告和特性报告通过控制管道或可选的中断输出管道传输。

7. 字符串

集合或数据域可以具有与之关联的字符串标签。

字符串是可选的，字符串描述符包含设备的文本字符串列表。

8. 多字节数据格式

报告中的多字节数据使用小端格式，在低地址存放的是低有效字节。

数据的最低有效位存储在位 0，下一个有效位在位 1，以此类推。图 4-6 按位展示了一个长整型值。

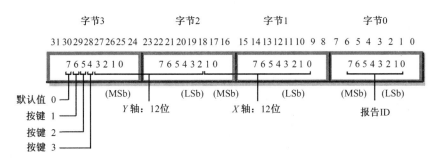

图 4-6　多字节数据格式

9. 方向

HID 设备使用图 4-7 所示的右旋坐标系统。如果用户正对着一个设备，当实现从左向右（X）、从远到近（Y）和从高到低（Z）的变化时，报告值应该增加。

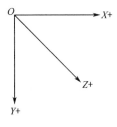

图 4-7　HID 类的坐标方向定义

10. NULL 值

HID 设备支持 NULL 值。NULL 值是通过在报告中声明超出设定范围的值实现的。如果主机或设备接收超出范围的值（NULL 值），则当前控制量的值不会被更新。

例如，如果一个 8 位的域声明的有效值范围是 0x00 到 0x7F，当接收从 0x80 到 0xFF 之间的任何值时，由于该值超出设置范围，会被认为是无效的 NULL 值。

推荐将 0 纳入 NULL 值的范围，这样可以通过置 0 来为所有的域建立不对系统产生影响的状态。

■ 4.2.2　描述符

本小节介绍 HID 设备相关的描述符。

HID 设备的描述符包含：

● 标准描述符（Standard Descriptors）。

● 类相关的描述符（Class-Specific Descriptors）。

1. 标准描述符

HID 设备使用下列标准描述符：

● 设备描述符。

● 配置描述符。

● 接口描述符。

● 端点描述符。

● 字符串描述符。

这部分内容在本书的第 1 章中已经有非常详细的描述，本章不再赘述。

2. 类相关的描述符

HID 设备使用下列类相关的描述符：

● HID 描述符。

● 报告描述符。

● 物理描述符。

1）HID 描述符

HID 描述符指定设备子描述符的类型和长度，其定义如表 4-4 所示。

表 4-4　HID 描述符

域	偏移/长度（以字节表示）	描　述
bLength	0/1	HID 描述符的总长度
bDescriptorType	1/1	HID 描述符类型
bcdHID	2/2	HID 类规范版本号
bCountryCode	4/1	国家代码
bNumDescriptors	5/1	类描述符数量（至少一个，即报告描述符）
bDescriptorType	6/1	报告描述符的类型
wDescriptorLength	7/2	报告描述符的总长度
[bDescriptorType]...	9/1	可选的其他描述符的类型
[wDescriptorLength]...	10/2	可选的其他描述符的总长度

2）报告描述符

报告描述符不同于其他描述符，其内容和长度可以根据应用需求变化。报告描述符由包含设备信息的多个项组成。应用程序根据报告描述符就可以知道这些数据的用途及如何处理这些传入的数据。

按长度划分，项类型有两种：短项（长度为 1~5 字节）及长项（长度为 3~258 字节）。按功能划分，项类型有三种：主项、全局项及局部项。

①短项。短项的数据域可以包含最多 4 字节的数据。短项结构如图 4-8 所示，其解析如表 4-5 所示。

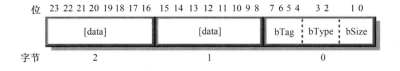

图 4-8　短项结构

表 4-5　短项的解析

域	描　　述
bSize	数据域长度： 0 = 0 字节 1 = 1 字节 2 = 2 字节 3 = 4 字节
bType	类型： 0 = 主项 1 = 全局项 2 = 局部项 3 = 保留
bTag	功能
[data]	可选的数据

②长项。长项的数据域可以包含最多 255 字节的数据。长项结构如图 4-9 所示，其解析如表 4-6 所示。

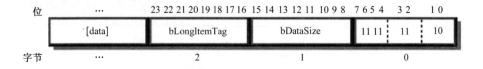

图 4-9　长项结构

表 4-6　长项的解析

域	描　　述
bSize	总长度 10 = 2 字节（但这里没有实际意义，和后面两个域构成长项标志）
bType	类型 3 = 保留
bTag	功能，为固定值 1111
[bDataSize]	长项的数据长度
[bLongItemTag]	长项标记
[data]	可选的数据

③主项。对于主项，定义了五类主项标记，即输入项标记、输出项标记、特性项标记、集合项标记及集合项结束标记。

▲ 输入项、输出项和特性项。输入项、输出项和特性项用于在报告中创建数据域：

- 输入项描述控制量对应的输入数据。
- 输出项描述控制量对应的输出数据。
- 特性项描述设备的配置信息。

▲ 集合项及集合结束项。集合项标识多个数据之间的关系。

例如，鼠标可以被描述为以下数据的集合：

- X 方向位置偏移量。
- Y 方向位置偏移量。
- 滚轮偏移量（可选）。
- 按键 1。
- 按键 2。
- 按键 3（可选）。

集合项表示数据集合的开始，集合结束项表示数据集合的结束。

④全局项。全局项描述但不定义控制量数据。全局项标记适用于所有随后定义的项，直到被另一个全局项覆盖。

表 4-7 是一个 400dpi 鼠标的全局项实例。

表 4-7　全局项实例

全 局 项	值
逻辑最小值	-127
逻辑最大值	127
物理最小值	-3175
物理最大值	3175
指数	-4（10^{-4}）
单位	英寸

根据上面这些参数，就可以计算出分辨率：

分辨率 $= [127-(-127)]/\{[3175-(-3175)]\times10^{-4}\} = 400\mathrm{dpi}$

⑤局部项。局部项定义控制量的特性，仅对当前主项有效。如果主项定义了多个控制量，则可以为每个控制量分别设置一个局部项。

⑥报告描述符片段解析示例。下面解析一个报告描述符的片段，为了简洁，省略了其他细节部分：

Report Size (3)

Report Count (2)

Input

Report Size (8)

Input

Output

项解析器解析上面的报告描述符中的各项之后，会创建如图 4-10 所示的报告（LSB 在左边）。

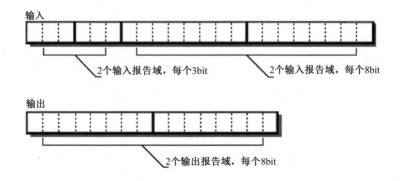

图 4-10　报告描述符片段解析

从这个例子可以看到，报告描述符里面的长度单位是位（bit）。

⑦三键鼠标报告描述符编码示例。

下面是一个三键鼠标的报告描述符编码示例。

Usage Page (Generic Desktop), ; 使用 Generic Desktop 用例页

Usage (Mouse),

Collection (Application), ; Mouse 集合开始

  Usage (Pointer),

Collection (Physical), ; Pointer　集合开始

Usage Page (Buttons)

Usage Minimum (1),

Usage Maximum (3),

Logical Minimum (0),

Logical Maximum (1), ;　本域返回 0 或者 1

Report Count (3),

Report Size (1), ;　创建 3×1 位域(按键 1,2,3)

Input (Data, Variable, Absolute), ;　在输入报告中添加域

Report Count (1),

Report Size (5), ;　创建 5 位常量域，用于填充，以对齐字节边界

Input (Constant), ;　在输入报告中添加域

Usage Page (Generic Desktop),

Usage (X),

Usage (Y),

Logical Minimum (-127),

Logical Maximum (127), ;　域返回值范围为-127～127

Report Size (8),

Report Count (2), ;　创建两个 8 位域 (表示 X 和 Y 方向)

Input (Data, Variable, Relative), ;　在输入报告中添加域

End Collection, ; Pointer　集合结束

End Collection ; Mouse 集合结束

从上面的定义可以看到，作为三键鼠标的编码描述，里面定义了三个按键控制量。每个控制量返回值为 0 或 1，表示按键是处于按下或释放的状态。另外，定义了二维的方向控制量，返回值范围为-127～127，这个就是鼠标移动时 X、Y 方向的坐标变化量。

3）物理描述符

物理描述符是一个数据结构，用于描述产生控制行为的人体部位的信息。例如，物理描述符可以表示右手拇指用于激活某一个按钮。

每个物理描述符由以下三个域组成：

● 指示域：指示产生控制行为的人体部位，如手。

● 修饰域：进一步修饰指示域，如右手或左手。

● 代价域：量化用户实现该行为需要做出的努力。

示例：有一个操纵杆，在底部左边有两个按钮 A 和 B，在前面有一个触发按钮，该按钮和 A 按钮功能是相同的。

当右手食指通过前面的触发按钮操作按钮 A，左手拇指操作按钮 B 时，对应的物理描述符为：

● 按钮 A：Index Finger, Right, Effort 0。

● 按钮 B：Thumb, Left, Effort 0。

如果操纵杆放在桌面上，左手的中指和食指分别用来控制底部的两个按钮，此时新的物理描述符为：

● 按钮 A：Middle Finger, Left, Effort 0。

● 按钮 B：Index Finger, Left, Effort 0。

4.2.3 请求

根据请求的 bmRequestType 域划分，请求分为两类，即标准请求（Standard Requests）及类相关的请求（Class-Specific Requests）。

1. 标准请求

标准请求包括 Get_Descriptor 请求及 Set_Descriptor 请求。

1）Get_Descriptor 请求

获取标准描述符或 HID 类描述符。

Get_Descriptor 请求定义如表 4-8 所示。

表 4-8　Get_Descriptor 请求定义

域	标准描述符	HID 类描述符
bmRequestType	10000000(0x80)	10000001(0x81)
bRequest	GET_DESCRIPTOR(0x06)	GET_DESCRIPTOR(0x06)
wValue	高字节：描述符类型 低字节：描述符索引	高字节：描述符类型 低字节：描述符索引
wIndex	0 或者语言 ID	接口号
wLength	描述符长度	描述符长度
Data	描述符数据	描述符数据

描述符类型（wValue 高字节）解析如表 4-9 所示。

表 4-9　描述符类型解析

域	描　述
描述符类型 （wValue 高字节）	7 保留（应始终为 0） 6 .. 5 类型 0=标准 1=类 2=厂商 3=保留 4 .. 0 描述符子类型

HID 类描述符类型及编码如表 4-10 所示。

表 4-10　HID 类描述符类型及编码

值	类描述符类型
0x21	HID 描述符
0x22	报告描述符
0x23	物理描述符
0x24～0x2F	保留

2）Set_Descriptor 请求

设置描述符，此请求是可选的。

Set_Descriptor 请求定义如表 4-11 所示。

表 4-11　Set_Descriptor 请求定义

域	标准描述符	HID 类描述符
bmRequestType	00000000(0x00)	00000001(0x01)
bRequest	SET_DESCRIPTOR(0x07)	SET_DESCRIPTOR(0x07)
wValue	高字节：描述符类型 低字节：描述符索引	高字节：描述符类型 低字节：描述符索引
wIndex	0 或者语言 ID	接口号
wLength	描述符长度	描述符长度
Data	描述符数据	描述符数据

2. 类相关的请求

类相关的请求解析如表 4-12 所示。

表 4-12　类相关的请求解析

域	偏移/长度（字节）	描　　述
bmRequestType	0/1	有效值为 10100001(0xA1)或 00100001(0x21) 7 数据传输方向 　　0=主机到设备 　　1=设备到主机 6..5 类型 　　1=类 4..0 接收方 　　1=接口
bRequest	1/1	请求类型
wValue	2/2	对于不同的请求有不同的含义
wIndex	4/2	接口号
wLength	6/2	数据阶段传输的字节数

请求类型列表如表 4-13 所示。

表 4-13　请求类型列表

值	描　述
0x01	GET_REPORT
0x02	GET_IDLE
0x03	GET_PROTOCOL
0x04-0x08	保留
0x09	SET_REPORT
0x0A	SET_IDLE
0x0B	SET_PROTOCOL

下面介绍各个请求类型。

1）Get_Report 请求

接收报告，其定义如表 4-14 所示。

表 4-14　Get_Report 请求定义

域	描　述
bmRequestType	10100001(0xA1)
bRequest	GET_REPORT
wValue	高字节：报告类型 低字节：报告 ID
wIndex	接口号
wLength	报告长度
Data	报告数据

报告类型定义如表 4-15 所示。

表 4-15　报告类型定义

值	报告类型
01	输入
02	输出
03	特性
04～FF	保留

2）Set_Report 请求

发送报告，其定义如表 4-16 所示。

表 4-16　Set_Report 请求定义

域	描　述
bmRequestType	00100001(0x21)
bRequest	SET_REPORT
wValue	高字节：报告类型 低字节：报告 ID
wIndex	接口号
wLength	报告长度
Data	报告数据

3）Get_Idle 请求

读取闲置率，其定义如表 4-17 所示。

表 4-17　Get_Idle 请求定义

域	描　述
bmRequestType	10100001(0xA1)
bRequest	GET_IDLE
wValue	高字节：0 低字节：报告 ID
wIndex	接口号
wLength	1
Data	闲置率

4）Set_Idle 请求

此请求用于限制中断输入管道的报告频率，静默期间查询中断输入管道会收到 NAK，直到有新的事件发生或指定的时间到达为止。其定义如表 4-18 所示。

表 4-18　Set_Idle 请求定义

域	描　述
bmRequestType	00100001(0x21)
bRequest	SET_IDLE
wValue	高字节：静默时间 低字节：报告 ID
wIndex	接口号
wLength	0

此请求涉及的参数如表 4-19 所示。

表 4-19　Set_Idle 请求参数解析

参数	描　述
静默 时间	wValue 的高字节代表静默时间，单位是 4ms。 注意：当静默时间为 0 时，表示的实际含义为无限大。此时只有在报告数据发生变化时，才会进行报告
报告 ID	wValue 的低字节代表报告 ID。 当报告 ID 为 0 时，静默时间适用于所有输入报告。 当报告 ID 非 0 时，静默时间只适用于报告 ID 所对应的报告
精确度	持续时间的精确度应为 $\pm(10\%+2ms)$
延时	如果新请求在当前执行周期结束时间减 4ms 以前被收到，则新请求会在当前周期生效； 如果新请求在当前执行周期结束时间减 4ms 以后被收到，则新请求会在下一周期生效； 如果当前的周期已经超过了新设置的持续时间，则将会立即产生一个报告

5）Get_Protocol 请求

读取当前的有效协议，其定义如表 4-20 所示。

表 4-20　Get_Protocol 请求定义

域	描　述
bmRequestType	10100001(0xA1)
bRequest	GET_PROTOCOL
wValue	0
wIndex	接口号
wLength	1
Data	0 = 引导协议 1 = 报告协议

6）Set_Protocol 请求

设置引导协议或报告协议，其定义如表 4-21 所示。

表 4-21　Set_Protocol 请求定义

域	描　述
bmRequestType	00100001(0x21)
bRequest	SET_PROTOCOL
wValue	0 = 引导协议 1 = 报告协议
wIndex	接口号
wLength	0

4.3　代码实例

本小节基于 NXP 公司的 SDK 来展示一个 HID 类的应用实例。

■ 4.3.1　工程关键文件及代码介绍

在这里以下面的工程来进行讲解：

SDK_2.2_LPCXpresso54608\boards\lpcxpresso54608\usb_examples\usb_device_hid_mouse\bm\iar。

这是一个 HID 鼠标设备的例程。枚举完成后，鼠标指针会在屏幕上循环移动，并划出一个矩形。

在文件 usb_device_descriptor.c 中定义了此应用所有的描述符，内容如表 4-22 所示。

表 4-22　描述符变量定义

变　量	描　述　符
g_UsbDeviceDescriptor	设备描述符
g_UsbDeviceConfigurationDescriptor	配置描述符（内含接口描述符、HID 描述符和端点描述符）
g_UsbDeviceHidMouseReportDescriptor	报告描述符
g_UsbDeviceString0	字符串描述符 0（语言 ID）
g_UsbDeviceString1	字符串描述符 1
g_UsbDeviceString2	字符串描述符 2

其中，报告描述符定义如下：

```
uint8_tg_UsbDeviceHidMouseReportDescriptor[USB_DESCRIPTOR_LENGTH_HID_MOUSE_REPORT] = {
        0x05U, 0x01U, /* Usage Page (Generic Desktop)*/
        0x09U, 0x02U, /* Usage (Mouse) */
        0xA1U, 0x01U, /* Collection (Application) */
        0x09U, 0x01U, /* Usage (Pointer) */

        0xA1U, 0x00U, /* Collection (Physical) */
        0x05U, 0x09U, /* Usage Page (Buttons) */
        0x19U, 0x01U, /* Usage Minimum (01U)　*/
        0x29U, 0x03U, /* Usage Maximum (03U) */

        0x15U, 0x00U, /* Logical Minimum (0U) */
        0x25U, 0x01U, /* Logical Maximum (1U) */
        0x95U, 0x03U, /* Report Count (3U) */
        0x75U, 0x01U, /* Report Size (1U) */

        0x81U, 0x02U, /* Input(Data, Variable, Absolute) 3U Button Bit Fields */
        0x95U, 0x01U, /* Report count (1U) */
        0x75U, 0x05U, /* Report Size (5U) */
```

```
    0x81U, 0x01U, /* Input (Constant), 5U Constant Field */


    0x05U, 0x01U, /* Usage Page (Generic Desktop) */

    0x09U, 0x30U, /* Usage (X) */

    0x09U, 0x31U, /* Usage (Y) */

    0x09U, 0x38U, /* Usage (Z) */


    0x15U, 0x81U, /* Logical Minimum (-127) */

    0x25U, 0x7FU, /* Logical Maximum (127) */

    0x75U, 0x08U, /* Report Size (8U) */

    0x95U, 0x03U, /* Report Count (3U) */


    0x81U, 0x06U, /* Input(Data, Variable, Relative), Three Position Bytes (X & Y & Z)*/

    0xC0U, /* End Collection, Close Pointer Collection*/

    0xC0U /* End Collection, Close Mouse Collection */

};
```

该报告描述符定义了 3 个鼠标按键（左、中、右），每个按键对应 1bit。然后做 5bit 填充，这样对齐了 1 个字节的边界。之后又定义了 3 个方向控制量（X 方向、Y 方向及滚轮方向），每个控制控制量对应 1 个字节（8bit）。这样报告数据一共有 4 个字节。

该工程的另一个重要文件是 mouse.c，里面有一个函数 USB_Device-HidMouseAction：

```
static usb_status_t USB_DeviceHidMouseAction(void)

{
    static int8_t x = 0U;

    static int8_t y = 0U;

    enum

    {

        RIGHT,
```

```
        DOWN,

        LEFT,

        UP

};

static uint8_t dir = RIGHT;


switch (dir)

{

    case RIGHT:

        /* Move right. Increase X value. */

        g_UsbDeviceHidMouse.buffer[1] = 2U;

        g_UsbDeviceHidMouse.buffer[2] = 0U;

        x++;

        if (x > 99U)

        {

            dir++;

        }

        break;

    case DOWN:

        /* Move down. Increase Y value. */

        g_UsbDeviceHidMouse.buffer[1] = 0U;

        g_UsbDeviceHidMouse.buffer[2] = 2U;

        y++;

        if (y > 99U)

        {

            dir++;

        }

        break;

    case LEFT:

        /* Move left. Discrease X value. */
```

```
                g_UsbDeviceHidMouse.buffer[1] = （uint8_t）（-2）;

                g_UsbDeviceHidMouse.buffer[2] = 0U;

                x--;

                if (x < 2U)

                {

                    dir++;

                }

                break;

        case UP:

                /* Move up. Discrease Y value. */

                g_UsbDeviceHidMouse.buffer[1] = 0U;

                g_UsbDeviceHidMouse.buffer[2] = (uint8_t)(-2);

                y--;

                if (y < 2U)

                {

                    dir = RIGHT;

                }

                break;

        default:

                break;

    }

    /* Send mouse report to the host */

    return USB_DeviceHidSend( g_UsbDeviceHidMouse.hidHandle,

                        USB_HID_MOUSE_ENDPOINT_IN,

                        g_UsbDeviceHidMouse.buffer,

                        USB_HID_MOUSE_REPORT_LENGTH);

}
```

这个函数是绘制矩形的。这里会更新鼠标的位置，并且把当前的位置偏移量返回给主机。在返回鼠标的 X 和 Y 方向的偏移量的时候，需要通过 g_UsbDeviceHidMouse.buffer[1]和 g_UsbDeviceHidMouse.buffer[2]实现 X 和 Y 方向的偏移量控制。

Buffer 的初始化代码：

#define USB_HID_MOUSE_REPORT_LENGTH　（0x04U）

static uint8_t s_MouseBuffer[USB_HID_MOUSE_REPORT_LENGTH];

g_UsbDeviceHidMouse.buffer = s_MouseBuffer;

报告缓存的长度是 4 字节，要注意这里的每个字节代表的含义和报告描述符里面定义的数据结构是一致的。

更改上面的代码，我们还可以用鼠标划出圆形、菱形等其他图形。

■4.3.2　运行工程查看结果

将工程编译好后，下载到目标板运行，其运行结果如图 4-11 所示。

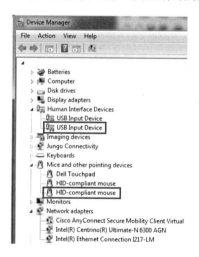

图 4-11　代码实例运行结果

同时会看到鼠标沿着预定的矩形轨迹移动。

■4.3.3　枚举过程详细解析

本小节内容包括枚举步骤及描述符详细解析。

1. 枚举步骤

图 4-12 所示为通过 USB 协议分析仪抓取的整个枚举过程。

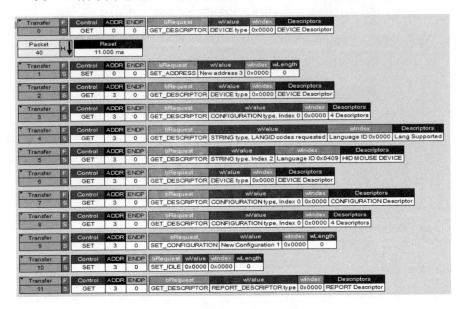

图 4-12   HID 鼠标设备枚举过程

从图 4-12 可以看到，枚举过程的步骤如下：

- 获取设备描述符。
- 复位总线。
- 设置设备地址。
- 获取设备描述符。
- 获取配置描述符。
- 获取字符串描述符，语言 ID。
- 获取字符串描述符，索引值为 2。
- 获取设备描述符。
- 获取配置描述符。
- 设置配置。
- 设置 IDLE。

● 获取报告描述符。

2. 描述符详细解析

（1）设备描述符详细解析。解析内容如表 4-23 所示。

表 4-23　设备描述符解析

域	长度（bit）	偏移（bit）	值	描　述
bLength	8	0	0x12	描述符长度为 18 字节
bDescriptorType	8	8	0x01	类型为设备描述符
bcdUSB	16	16	0x0200	USB 规范版本为 2.00
bDeviceClass	8	32	0x00	每个接口指定其自己的类信息
bDeviceSubClass	8	40	0x00	每个接口指定其自己的子类信息
bDeviceProtocol	8	48	0x00	无协议
bMaxPacketSize0	8	56	0x40	端点零的最大包长度是 64
idVendor	16	64	0x1FC9	厂商 ID 为 0x1FC9：恩智浦半导体
idProduct	16	80	0x0091	产品 ID 是 0x0091
bcdDevice	16	96	0x0101	设备发布版本号是 1.01
iManufacturer	8	112	0x01	制造商字符串描述符索引为 1
iProduct	8	120	0x02	产品字符串描述符索引为 2
iSerialNumber	8	128	0x00	该设备没有描述序列号的字符串描述符
bNumConfigurations	8	136	0x01	该设备有 1 个配置

（2）配置描述符详细解析。解析内容如表 4-24 所示。

表 4-24　配置描述符解析

域	长度（bit）	偏移（bit）	值	描　述
bLength	8	0	0x09	描述符长度为 9 字节
bDescriptorType	8	8	0x02	类型为配置描述符
wTotalLength	16	16	0x0022	此配置的数据总长度为 34 字节，包含后面所有的接口描述符、HID 描述符及端点描述符的长度
bNumInterfaces	8	32	0x01	此配置支持 1 个接口

续表

域	长度（bit）	偏移（bit）	值	描　述
bConfigurationValue	8	40	0x01	使用值 1 来选择此配置
iConfiguration	8	48	0x00	设备没有描述此配置的字符串描述符
bmAttributes	8	56	0xC0	配置特性： 位 7：保留 1 位 6：自供电 1 位 5：远程唤醒 0
bMaxPower	8	64	0x32	此配置中设备的最大功耗为 100mA（0×32 = 50, 50×2 = 100）

（3）接口描述符详细解析。解析内容如表 4-25 所示。

表 4-25　接口描述符解析

域	长度（bit）	偏移（bit）	值	描　述
bLength	8	72	0x09	描述符长度为 9 字节
bDescriptorType	8	80	0x04	类型为接口描述符
bInterfaceNumber	8	88	0x00	这个接口编号是 0
bAlternateSetting	8	96	0x00	用于选择此接口的替代设置的值是 0
bNumEndpoints	8	104	0x01	此接口使用的端点数为 1（不含端点零）
bInterfaceClass	8	112	0x03	该接口实现了 HID 类
bInterfaceSubClass	8	120	0x01	接口实现了引导接口子类
bInterfaceProtocol	8	128	0x02	该接口使用鼠标协议
iInterface	8	136	0x00	该设备没有字符串描述符描述此接口

（4）HID 描述符详细解析。解析内容如表 4-26 所示。

表 4-26　HID 描述符解析

域	长度（bit）	偏移（bit）	值	描　述
bLength	8	144	0x9	HID 描述符的总长度
bDescriptorType	8	152	0x21	类型为 HID 描述符
bcdHID	16	160	0x0100	HID 类规范版本为 1.00
bCountryCode	8	176	0x00	不支持国家代码
bNumDescriptor	8	184	0x01	类描述符的数目为 1
bDescriptorType	8	192	0x22	类型为报告描述符
wDescriptorLen	16	200	52	报告描述符的总长度

（5）端点描述符详细解析。解析内容如表 4-27 所示。

表 4-27　端点描述符解析

域	长度（bit）	偏移（bit）	值	描　述
bLength	8	216	0x07	描述符长度为 7 字节
bDescriptorType	8	224	0x05	类型为端点描述符
bEndpointAddress	8	232	0x81	端点编号为 1 的输入端点
bmAttributes	8	240	0x03	类型——中断传输： 低功耗支持：否 包长度调整：否
wMaxPacketSize	16	248	0x0008	此端点的最大包长度为 8 字节 对于高速设备每帧增加 0 个事务
bInterval	8	264	0x04	轮询间隔值为每 4 帧轮询一次 对于高速设备，每 8 个微帧轮询一次

（6）字符串描述符详细解析。解析内容如表 4-28 和表 4-29 所示。

表 4-28　字符串描述符解析（index =0）

域	长度（bit）	偏移（bit）	值	描　述
bLength	8	0	0x04	描述符长度为 4 字节
bDescriptorType	8	8	0x03	类型为字符串描述符
wLANGID[0]	16	16	0x0409	语言 ID：0x0409

表 4-29　字符串描述符解析（index = 2）

域	长度（bit）	偏移（bit）	值	描　述
bLength	8	0	0x22	描述符长度为 34 字节
bDescriptorType	8	8	0x03	类型为字符串描述符
STRING	8	16	0x00	字符串（16 个 Unicode 字符）： HID MOUSE DEVICE

（7）报告描述符解详细析。解析内容如表 4-30 所示。

表 4-30　报告描述符解析

域	长度（bit）	偏移（bit）	值	描　述
前缀字节	8	0	0x05	长度：0x01；类型：全局；标签：用例页
数据	8	8	0x01	用例页（通用桌面控制）
前缀字节	8	16	0x09	长度：0x01；类型：局部；标签：用例
数据	8	24	0x02	用例（鼠标）
前缀字节	8	32	0xA1	长度：0x01；类型：Main；标签：集合
数据	8	40	0x01	集合（应用）
前缀字节	8	48	0x09	长度：x01；类型：局部；标签：用例
数据	8	56	0x01	用例（指向器）
前缀字节	8	64	0xA1	长度：0x01；类型：Main；标签：集合
数据	8	72	0x00	集合（物理）
前缀字节	8	80	0x05	长度：0x01；类型：全局；标签：用例页
数据	8	88	0x09	用例页（按钮）
前缀字节	8	96	0x19	长度：0x01；类型：局部；标签：最小用例
数据	8	104	0x01	最小用例（0x1）
前缀字节	8	112	0x29	长度：0x01；类型：局部；标签：最大用例
数据	8	120	0x03	最大用例（0x3）
前缀字节	8	128	0x15	长度：0x01；类型：全局；标签：逻辑最小值
数据	8	136	0x00	逻辑最小值（0x0）
前缀字节	8	144	0x25	长度：0x01；类型：全局；标签：逻辑最大值
数据	8	152	0x01	逻辑最大值（0x1）
前缀字节	8	160	0x95	长度：0x01；类型：全局；标签：报告数
数据	8	168	0x03	报告数（0x3）
前缀字节	8	176	0x75	长度：0x01；类型：全局；标签：报告长度
数据	8	184	0x01	报告长度（0x1）
前缀字节	8	192	0x81	长度：0x01；类型：Main；标签：输入
数据	8	200	0x02	输入
前缀字节	8	208	0x95	长度：0x01；类型：全局；标签：报告数
数据	8	216	0x01	报告数（0x1）
前缀字节	8	224	0x75	长度：0x01；类型：全局；标签：报告长度
数据	8	232	0x05	报告长度（0x5）
前缀字节	8	240	0x81	长度：0x01；类型：主；标签：输入
数据	8	248	0x01	输入
前缀字节	8	256	0x05	长度：0x01；类型：全局；标签：用例页

续表

域	长度（bit）	偏移（bit）	值	描　　述
数据	8	264	0x01	用例页（通用桌面控制）
前缀字节	8	272	0x09	长度：0x01；类型：局部；标签：用例
数据	8	280	0x30	用例（X）
前缀字节	8	288	0x09	长度：0x01；类型：局部；标签：用例
数据	8	296	0x31	用例（Y）
前缀字节	8	304	0x09	长度：0x01；类型：局部；标签：用例
数据	8	312	0x38	用例（滚轮）
前缀字节	8	320	0x15	长度：0x01；类型：全局；标签：逻辑最小值
数据	8	328	0x81	逻辑最小值（0x81）
前缀字节	8	336	0x25	长度：0x01；类型：全局；标签：逻辑最大值
数据	8	344	0x7F	逻辑最大值（0x7F）
前缀字节	8	352	0x75	长度：0x01；类型：全局；标签：报告长度
数据	8	360	0x08	报告长度（0x8）
前缀字节	8	368	0x95	长度：0x01；类型：全局；标签：报告数
数据	8	376	0x03	报告数（0x3）
前缀字节	8	384	0x81	长度：0x01；类型：主；标签：输入
数据	8	392	0x06	输入
前缀字节	8	400	0xC0	长度：0x00；类型：主；标签：集合结束
前缀字节	8	408	0xC0	长度：0x00；类型：主；标签：集合结束

4.3.4　报告过程详细解析

图 4-13 所示为通过 USB 协议分析仪抓到的报告过程。

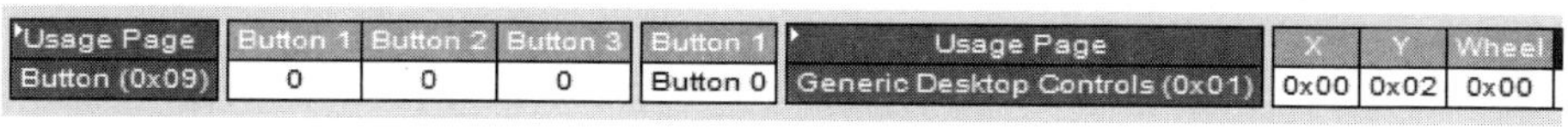

图 4-13　报告过程

这里主要是根据报告描述符的定义，对设备上传的报告数据进行解析，来判断是否有按键、位置移动、滚轮滑动等消息。

表 4-31 所示的报告数据显示在 Y 方向有正向的移动，且移动量为 2。

表 4-31　报告数据

域	长度（bit）	偏移（bit）	值	描　述
Button 1	8	0	0	按键 1
Button 2	8	0	0	按键 2
Button 3	8	0	0	按键 3
Reserve	8	0	0	保留
X	8	8	0x00	X 方向的移动量
Y	8	16	0x02	Y 方向的移动量
Wheel	8	24	0x00	滚轮的移动量

4.4　HID 类的其他应用

HID 类的另一个常见应用是用作连接 PC 或者智能手机的数据通道，并且该通道支持自定义格式数据的传输。

关于 HID 的这类应用，由于篇幅限制，在本章节不做详细讲解。

有兴趣的读者可以参考 NXP 公司的 SDK 提供的 example，该 example 位于 usb_examples\usb_device_hid_generic\bm。

第 5 章

USB MSC 类应用开发

5.1　简介

大容量的存储设备（如 U 盘）是我们非常熟悉的一个 USB 设备类。我们几乎每天都会用到它。它是一种移动存储设备，负责传输大量数据。现代的 U 盘容量已经从当年的 MB 量级发展至 GB 量级甚至 TB 量级。在 MCU 应用中，大容量存储设备类也发挥着重要作用。它可以用来作为通信媒介与 PC 机通信。由于大多数主流操作系统内置大容量存储设备类的驱动，如图 5-1 所示，使用该类和 PC 机通信一般不需要额外安装驱动程序，极大方便了 MCU 应用程序与 PC 机交互的操作方式。

Removable Disk(K:)

4.00 KB frce of 4.00 KB

图 5-1　USB MSD 设备在 Windows 系统弹出的盘符

在本章中会用到的术语如表 5-1 所示。

表 5-1　本章术语解释

术　　语	说　　明
NVM	Non-Volatile Memory 非易失性存储介质，也就是掉电后不会丢失的存储介质，如 MCU 片上的 Flash、片外的 Flash，再如外挂的 SPIFLASH, NANDFLASH 等
FS	全速 USB 设备最大支持 12Mb/s 传输速度
HS	高速 USB 设备，最大支持 480Mb/s 传输速度
SDK USB Stack	MCUXpresso SDK 中开源的 USB 协议栈
逻辑单元	MSC 设备中的概念，通常指一个逻辑存储区，在 Window 系统中"我的电脑"上映射为一个存储盘，并以图形化方式表示
逻辑块	逻辑单元由多个逻辑块组成，MSC 设备传输数据时都以块为单位进行传输

既然是大容量存储设备，那么必须要有一个存储介质。存储介质可以是任何种类的 NVM，也可以是 RAM 空间（掉电后存储的内容会丢失，可以说是一个"假"U 盘，但是可以用来做 U 盘传输速度测试）。对于嵌入式设备来说，一般的 NVM 可以是外挂的 Flash 芯片，芯片内置 Flash 空间。

LPC546xx 系列中的 USB MSC Boot 采用 MSC 方式。当芯片用 USB MSC Boot 方式启动后，内置的 BootROM 程序会生成一个 MSC 设备，用户只需要将固件拖入生成的 U 盘中即可完成程序烧写，简单快速且不需要安装任何驱动，从而极大地方便了批量生产时 MCU 的固件程序烧录工作。

5.1.1 MSC 设备的一般工作流程

既然 MSC 类可以通过 USB 和嵌入式设备上的存储进行数据交换。那么作为从机开始来说，MSC 设备的驱动程序必须同时满足以下两个基本需求：

- 可以读写嵌入式设备上的存储器。如果使用板子上的外部 Flash 芯片，如 SPIFLASH 作为 MSC 设备的存储介质，则需要有 SPIFLASH 的驱动程序来读写外部的 SPIFLASH 芯片。
- 符合 USB 规范的 USB 通信硬件和对应的驱动程序。

在满足以上两个条件的情况下，应用程序做的无非就是接受 USB Host 端（PC 机）发来的请求，然后解析、执行。如果命令是读存储器数据，那么对应读取存储器相应地址的数据并返回给 USB Host；如果命令是写存储器数据，那么将 USB 传下来的数据写入存储器。图 5-2 描述了 USB MSD 设备与 PC 通信的过程。

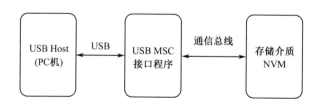

图 5-2 USB MSD 设备与 PC 通信的过程

■ 5.1.2 USB MSC 协议简介

在 USB 协议中，规定了一类大容量存储设备类（Mess Storage Class, MSC）。该类支持以闪存为存储介质的 U 盘、存储卡、以磁盘为存储介质的光盘和已经几乎被淘汰的 3.5 英寸软盘等。此外，MSC 类还支持 USB 接口的移动硬盘等超大容量存储介质。

在 MSC 中规定了很多种传输协议，每种传输协议一般应用于不同的存储介质，但也可以混用。

（1）大容量存储设备类（bInterfaceClass）代码为 0x08。

（2）子接口类代码（bInterfaceSubClass）有表 5-2 所示几种，它们代表了不同的工业标准命令集，但并不指定具体的 NVM 类型。

表 5-2　CDC 设备接口子类

接口子类代码	名　称	说　明
01h	精简块命令集（RBC）T10 Project 1240-D	通常情况下，存储介质为 Flash 的存储器使用此类
02h	SFF-8020i, MMC-2（ATAPI）	通常情况下，该类用于 CD/DVD 设备
03h	QIC-157	通常情况下，该类用于高清音频录音设备
04h	UFI	通常情况下，该类用于 3.5 英寸软盘设备
05h	SFF-8070i	通常情况下，3.5 英寸软盘设备使用该类
06h	SCSI 传输协议指令集	本章后续会详细介绍
07～FFh	保留	

对于大部分 U 盘，子接口类选用 0x06，即 SCSI 传输协议指令集。

（3）接口协议代码（bInterfaceProtocol）如表 5-3 所示。

表 5-3　接口协议代码

接口协议代码	名　称	说　明
00h	控制/批量/中断协议（包含命令完成中断）	MSC CBI 传输协议
01h	控制/批量/中断协议（不包含命令完成中断）	MSC CBI 传输协议
50h	Buck-Only Transport	只使用批量传输端点进行传输

对于接口协议代码，前两种需要一个额外中断端点来进行命令传输。而最后一种（Buck-Only Transport）只使用批量端点进行传输。对于端点资源本来就不丰富的 MCU 设备来说，最后一种仅批量传输无疑是最适合的。同时，根据 USB 协议的规定，CBI 协议（bInterfaceProtocol = 0x00 或 bInterfaceProtocol =0x01）只能应用在全速软盘驱动设备中，高速时不能使用 CBI 协议。在所有新的设计中，都不建议使用 CBI 协议。

SDK 中所有 MSC 例程均使用 SCSI 传输协议指令集（bInterfaceSubClass = 0x06）及 Buck-Only Transport（bInterfaceProtocol = 0x50h）来进行传输。

5.2　请求及描述符

5.2.1　MSC 设备接口描述符

需要修改 USB 接口描述符中如下字段。

● bInterfaceClass：设备类代码，0x08 大容量存储设备类。

● bInterfaceSubClass：设备子类代码，0x06 SCSI 传输协议。

● bInterfaceProtocol：设备接口协议，0x50 只批量传输协议。

完整的 USB MSC 接口描述符包含于配置描述符中，具体源代码在工程目录下的 usb_device_descriptor.c 中，如图 5-3 所示。注意在 SDK 中，描述符大部分字段都用宏定义标识，可使用快捷键 F12 跟踪来查看具体的定义值。

```
USB_DESCRIPTOR_LENGTH_INTERFACE, /* Size of this descriptor in bytes */
USB_DESCRIPTOR_TYPE_INTERFACE,   /* INTERFACE Descriptor Type */
USB_MSC_INTERFACE_INDEX,         /* Number of this interface. */
0x00,                            /* Value used to select this alternate setting
                                    for the interface identified in the prior field */
USB_MSC_ENDPOINT_COUNT,          /* Number of endpoints used by this
                                    interface (excluding endpoint zero). */

USB_MSC_CLASS,    /* Class code (assigned by the USB-IF). */
USB_MSC_SUBCLASS, /* Subclass code (assigned by the USB-IF). */
USB_MSC_PROTOCOL, /* Protocol code (assigned by the USB). */
0x00U,            /* Index of string descriptor describing this interface */
```

图 5-3　MSC 设备的接口描述符

5.2.2 MSC 设备端点描述符

MSC 设备使用两个物理端点，都需要配置为批量端点。

● 一个批量 IN 端点，用于 Device 向 Host 传输数据。

● 一个批量 OUT 端点，用于 Host 向 Device 传输数据。

端点描述符源代码在工程目录下的 usb_device_descriptor.c 中，注意端点描述符中的 bInterval 字段在批量端点中无意义，填 0x00 即可。在 FS 设备和 HS 设备中，一个批量端点的最大包长度分别为 64 字节和 512 字节。MSC 设备的端点描述符在 SDK 中的实现如图 5-4 所示。

```
USB_DESCRIPTOR_LENGTH_ENDPOINT, /* Size of this descriptor in bytes */
USB_DESCRIPTOR_TYPE_ENDPOINT,   /* ENDPOINT Descriptor Type */
USB_MSC_BULK_IN_ENDPOINT | (USB_IN << USB_DESCRIPTOR_ENDPOINT_ADDRESS_DIRECTION_SHIFT),
/* The address of the endpoint on the USB device
                        described by this descriptor. */
USB_ENDPOINT_BULK, /* This field describes the endpoint's attributes */
USB_SHORT_GET_LOW(FS_MSC_BULK_IN_PACKET_SIZE),
USB_SHORT_GET_HIGH(FS_MSC_BULK_IN_PACKET_SIZE), /* Maximum packet size this endpoint is capable of sending
                                                   receiving when this configuration is selected. */
0x00U,                                          /*Useless for bulk in endpoint*/

USB_DESCRIPTOR_LENGTH_ENDPOINT, /* Size of this descriptor in bytes */
USB_DESCRIPTOR_TYPE_ENDPOINT,   /* ENDPOINT Descriptor Type */
USB_MSC_BULK_OUT_ENDPOINT | (USB_OUT << USB_DESCRIPTOR_ENDPOINT_ADDRESS_DIRECTION_SHIFT),
/* The address of the endpoint on the USB device
                        described by this descriptor. */
USB_ENDPOINT_BULK, /* This field describes the endpoint's attributes */
USB_SHORT_GET_LOW(FS_MSC_BULK_OUT_PACKET_SIZE), USB_SHORT_GET_HIGH(FS_MSC_BULK_OUT_PACKET_SIZE),
0x00U /*For high-speed bulk/control OUT endpoints, the bInterval must specify the
        maximum NAK rate of the endpoint. refer to usb spec 9.6.6*/
```

图 5-4　MSC 设备的端点描述符

5.2.3 MSC 类标准请求

在 MSC 类的枚举过程中，会涉及几个类请求。这几类请求都是 Buck-Only Transport 协议中规定的类请求，最常用的两个类请求如表 5-4 所示。

表 5-4　MSC 类标准请求

请求字段	请求名称	说　明
FFh	Bulk-Only Mass Storage Reset	复位设备及接口，并表示接下来 Host 将传送 CBW（Command Block Wapper）
FEh	Get Max LUN	Host 请求获取 Device 中的逻辑单元数量

1. Buck-Only Mass Storage Reset 请求

该请求是通知设备如下信息：

● 接下来批量端点输出的数据为 CBW 命令块封包（后面详细介绍）。

● 复位批量输入端点，将端点设置为 STALL 状态直到该请求执行结束。

该请求结构如表 5-5 所示。

表 5-5　Buck-Only Mass Storage Reset 请求

请求类型	请求代码	长　度	索　引	数据长度	数　据
00100001b	11111111b	0000h	Interface（接口号）	0000h	None

可以看出，该请求是一个主机到设备的类输入请求，并且没有数据域。收到该请求后，按照控制传输的标准格式，返回一个数据为 0 的状态数据包即可。

该请求的处理在 SDK USB 协议栈的 usb_device_msc.c 文件中，如图 5-5 所示。

```
case USB_DEVICE_MSC_BULK_ONLY_MASS_STORAGE_RESET:
    /*Bulk-Only Mass Storage Reset (class-specific request)*/
    if ((control_request->setup->wIndex == mscHandle->interfaceNumber) &&
        (!control_request->setup->wValue) && (!control_request->setup->wLength) &&
        ((control_request->setup->bmRequestType & USB_REQUEST_TYPE_DIR_MASK) ==
        USB_REQUEST_TYPE_DIR_OUT))
    {
        error = USB_DeviceMscEndpointsDeinit(mscHandle);
        error = USB_DeviceMscEndpointsInit(mscHandle);
        mscHandle->outEndpointStallFlag = 1;
        mscHandle->inEndpointStallFlag = 1;
        mscHandle->performResetRecover = 0;
        mscHandle->performResetDoneFlag = 1;
    }
    else
    {
        error = kStatus_USB_InvalidRequest;
    }

    break;
```

图 5-5　BULK_ONLY_MASS_STORAGE_REST 请求

当接收到该请求后，SDK USB Stack 会重新初始化批量端点，并设置协议栈中的状态机变量。

2. Get Max LUN 请求

Get Max LUN 请求设备返回设备所支持的最大 LUN（Logic Unit Number，最大逻辑单元）。逻辑单元是指存储器的逻辑划分。例如，市面上的一个 U 盘通常只有一个逻辑单元，而多数移动硬盘则有 2 个甚至更多的逻辑单元。在 Windows 系统中，每个逻辑单元都会赋予一个盘符（C, D, E, F 等），并在"我的电脑"中以图形方式显示出来。

该请求传输的数据长度为 1 字节。设备在数据过程中返回 1 字节数据，该字节数据表示有多少个逻辑单元。值为 0 表示 1 个逻辑单元，值为 1 表示有 2 个逻辑单元，以此类推。最大支持 16 个逻辑单元，其请求结构如表 5-6 所示。

表 5-6 Get Max LUN 请求

请求类型	请求代码	长 度	索 引	数据长度	数 据
10100001b	11111110b	0000h	Interface（接口号）	0001h	1 byte

从请求格式可以得知，该请求是一个发送到接口的类输入请求，bRequest 值为 0xFE。当收到该请求时，设备应在数据阶段返回 1 字节数据。该请求的处理在 SDK USB 协议栈的 usb_device_msc.c 文件中实现，如图 5-6 所示。

```
case USB_DEVICE_MSC_GET_MAX_LUN:
    /*Get Max LUN */
    if ((control_request->setup->wIndex == mscHandle->interfaceNumber) &&
        (!control_request->setup->wValue) && (control_request->setup->wLength == 0x0001) &&
        ((control_request->setup->bmRequestType & USB_REQUEST_TYPE_DIR_MASK) ==
         USB_REQUEST_TYPE_DIR_IN))
    {
        control_request->buffer = &mscHandle->logicalUnitNumber;
        control_request->length = (uint32_t)control_request->setup->wLength;
    }
    else
    {
        error = kStatus_USB_InvalidRequest;
    }

    break;
```

图 5-6 GET_MAX_LUN 请求

可以看到，在处理 Get Max LUN 的代码段中，协议栈将 mscHandle->logicalUnitNumber 字段作为数据过程中的数据发送给 USB Host，而 mscHandle->logicalUnitNumber 可以在上层应用程序中设置。对于绝大多数

MCU 应用,一般只支持一个逻辑单元,即返回的一字节数据为 0x00h。在 SDK 中,应用程序可以修改此值。

5.2.4 Buck-Only Transport 协议的数据流模型

1. 数据传输模型

仅在批量传输协议中,所有的数据、命令都只通过两个批量物理端点传送。在传送中,也分成命令阶段、数据阶段和状态阶段。有点类似 USB 枚举过程中的控制传输,但不完全相同,只是借用控制传输中的传输阶段的概念而已。命令的格式、返回的状态格式等皆不相同,一个简单的 Buck-Only Transport 数据流模型如图 5-7 所示。

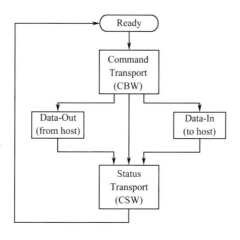

图 5-7 Buck-Only Transport 协议的数据流模型

- 命令阶段:主机发送 CBW(Command Block Wrapper)的数据包,该数据包定义了命令及后面数据的传输方向和大小。
- 数据阶段:数据阶段会根据命令阶段 CBW 指定的传输方向传输数据。
- 状态阶段:状态阶段设备会向主机发送状态完成封包,称为 CSW。CSW 中包含命令完成的标志等信息。

2. 命令块封包 CBW

CBW 是 MSC 传输中的重要概念,作用类似于 USB 枚举过程中控制传输中的标准输入请求。每次新的数据传输都以主机向从机发送 CBW 开始,CBW 的结构如表 5-7 所示。

表 5-7　CBW 结构

位 字　节	7	6	5	4	3	2	1	0
0～3	dCBWSignature							
4～7	dCBWTag							
8～11	dCBWDataTransferLength							
12	bmCBWFlags							
13	Reserved (0)				bCBWLen			
14	Reserved (0)				bCBWCBLength			
15～30	CBWCB							

- **dCBWSignature**:该字段为 CBW 的固定标志,为常量字符串"USBC", 即 ASCII 码的 0x55, 00x53, 0x42, 0x43,使用小端模式 4 字节整数来表示为 0x43425355。

- **dCBWTag**:该字段为该 CBW 的标签,其具体值由主机分配。需要在命令执行完后将该值填入 CSW 的 dCSWTag 域中,从而表示返回的 CSW 是对应的 CBW 的操作结果。前文讲过,MSC 设备支持多个 LUN。那么在数据传输阶段,多个 LUN 的数据很有可能同时使用 USB 总线进行数据传输。CBW 和 CSW 这种标签配对的机制可以保证每个 LUN 数据传输的完整性,这种机制类似通信中的码分复用的概念。

- **dCBWDataTransferLength**:需要在数据阶段传输的字节数,低字节在前。

- **bmCBWFlags**:CBW 标志,Bit7 代表数据阶段传输方向;0 表示输出数据(主机到设备);1 表示输入数据(设备到主机);其他为保留。

- **bCBWLUN**：目标逻辑单元编号。当 MSC 设备有多个逻辑单元时，该字段表示需要执行命令的目标逻辑单元。

- **CBWCB**：该字段又表示一个新的子命令块，其中包含具体的命令代码和命令所携带的数据等信息。各个命令后跟随数据的意义不尽相同，但是命令代码部分（1Byte）总是在 CBWCB 段的第一个字节上。

3. 命令状态封包 CSW

命令状态封包如表 5-8 所示。

表 5-8　CSW 结构

位 字　节	7	6	5	4	3	2	1	0
0～3	dSWWSignature							
4～7	dCSWTag							
8～11	dCSWDataResidue							
12	dCSWStatus							

- **dCSWSignature**：该字段为 CBW 的固定标志，为常量字符串"USBC"，即 ASCII 码的 0x55, 00x53, 0x42, 0x43。使用小端模式 4 字节整数表示为 0x43425355。

- **dCSWTag**：该命令状态包的 Tag 值。其具体取值为主机下发的 CBW 中的 dCBWTag 值。这样一个 CBW 对应一个 SCW。组成一对"命令 - 返回状态"的配对。通过这样的 Tag 传递机制。MSC 可以实现多个 LUN 设备同时传输数据。这点有点类似通信中的码分复用概念。

- **dCSWDataReside**：表示发送该 CSW 状态包时还有多少数据没有传输。其值实际是 CBW 中的 dCBWDataTransferLength 与当前已经完成的传输字节数之差。

- **bCSWStatus**：命令执行完成时的状态，如表 5-9 所示。

表 5-9　命令执行返回状态代码

代　码	说　明
0x00	执行成功
0x01	执行失败
0x02	传输错误

5.2.5　批量数据的传输具体细节

由上节可知，MSC 设备中所有的真正数据都是通过批量端点，以主机发送 CBW 开始，从机返回 SCW 结束。那么真正的数据传输是如何组织，使用哪套传输协议呢？本节就来详细解答这些问题。

1. SCSI 和 UFI 命令集

SCSI（Small Computer System Interface）是专门为小型计算机设计的接口协议，作为 MSC 设备使用的传输协议仍然在发挥余热。

UFI（USB Floppy Interface） USB 软盘接口命令集是 USB 专门为软盘接口设计的传输协议。现在市面上软盘基本已经绝迹，但是 Windows 在发送 CBW 命令时竟然仍然使用 UFI 命令集。在处理时，只好也要兼顾 UFI 指令（UFI 指令集实际上是参考 SCSI 指令集做出的衍生版本，很多命令和 SCSI 指令集重合）。

UFI 命令的一般结构如表 5-10 所示，此结构封装于 CBW 中的 CBWCB 字段中。其中首字节总是 UFI 命令代码。所以一般在 USB 协议栈中判断 UFI 命令时，直接读取 CBWCB 字段的首字节即可。

在 SDK 中，这些对批量数据的传输细节和协议操作都封装在 USB 协议栈中。用户不需要关心具体的命令接收及响应机制，但是了解这些协议对于基于 USB 协议栈的编程还是有非常大的帮助的。下面列举 MSC 设备经常用到的 UFI 指令。

表 5-10 UFI 命令格式的一般结构

字节 \ 位	7	6	5	4	3	2	1	0
0	Operation Code							
1	Logical Unit Number				Reserved			
2	(MSB) Logical Block Address (if required)							
3								
4								
5								
6	Reserved							
7	(MSB)Transfer or Parameter List or Allocation Length(if required)							
8								
9	Reserved							
10	Reserved							
11	Reserved							

2. Inquiry（0x12）

Inquiry 命令通常是主机下发给设备的第一个 UFI 命令，用来获取目标设备的一些基本信息。Inquiry 命令的结构如表 5-11 所示，其中 Logical Unit Number 即当前请求的逻辑单元号，EVPD 和 Page Code 在 UFI 中都为 0。

表 5-11 Inquiry 命令的结构

字节 \ 位	7	6	5	4	3	2	1	0
0	Operation Code (12h)							
1	Logical Unit Number			Reserved			EVPD	
2	Page Code							
3	Reserved							
4	Allocation Length							
5	Reserved							
6	Reserved							
7	Reserved							
8	Reserved							
9	Reserved							
10	Reserved							
11	Reserved							

Inquiry 命令需要设备返回一个 36 字节的结构信息，这些信息包含 Inquiry 命令请求的各种信息内容。设备通过 MSC 传输中的数据阶段返回这段 36 字节的信息，最后以 CSW 返回状态来结束。正好完成一次标准的带有数据阶段的 MSC 传输操作。Inquiry 命令返回结构如表 5-12 所示。

表 5-12 Inquiry 命令返回结构

位 字节	7	6	5	4	3	2	1	0
0	Reserved			Peripheral Device Type				
1	RMB	Reserved						
2	ISO Version		ECMA Version			ANSI Version(00h)		
3	Reserved				Response Data Format			
4	Allocation Length(31)							
5	Reserved							
7								
8	Vendor Information							
15								
16	Product Identification							
31								
32	Product Revision Level n.nn							
35								

- Peripheral Device Type：0x00 一般软盘设备。通常情况下，设置为 0x00 即可。
- RMB：0x00 不可移除设备，0x01 可移除设备。
- ISO/ECMA/ANSI：全部设置为 0 即可。
- Vender Information/Product Identification/Product Revision Level：分别为 8/8/2 字节 ASCII 字符串，说明 MSC 设备的一些厂商信息。

该结构在 SDK USB MSC 的 demo 程序中为一个常量数组，一般在 disk.c 中，如图 5-8 所示。

```
USB_DATA_ALIGNMENT usb_device_inquiry_data_fromat_struct_t g_InquiryInfo = {
    (USB_DEVICE_MSC_UFI_PERIPHERAL_QUALIFIER << USB_DEVICE_MSC_UFI_PERIPHERAL_QUALIFIER_SHIFT) |
        USB_DEVICE_MSC_UFI_PERIPHERAL_DEVICE_TYPE,
    (uint8_t)(USB_DEVICE_MSC_UFI_REMOVABLE_MEDIUM_BIT << USB_DEVICE_MSC_UFI_REMOVABLE_MEDIUM_BIT_SHIFT),
    USB_DEVICE_MSC_UFI_VERSIONS,
    0x02,
    USB_DEVICE_MSC_UFI_ADDITIONAL_LENGTH,
    {0x00, 0x00, 0x00},
    {'N', 'X', 'P', ' ', 'S', 'E', 'M', 'I'},
    {'N', 'X', 'P', ' ', 'M', 'A', 'S', 'S', ' ', 'S', 'T', 'O', 'R', 'A', 'G', 'E'},
    {'0', '0', '0', '1'}};
```

图 5-8　Inquary 返回数据在 SDK 中的实现

返回数据中的大部分配置都用宏来定义，在 Keil 中，可以使用 F12 来跟踪这些宏，了解每个具体的配置。

3. Read Format Capacities(0x23)

主机通过该命令来请求设备返回一个容量列表，该列表描述所有可能的 NVM 格式化时的最大容量。当主机需要格式化设备的 NVM 时，通常会发送该命令来请求设备 NVM 的物理最大容量，以便在格式化操作时使用这些参数。Read Format Capacities 命令的结构如表 5-13 所示。

表 5-13　Read Format Capacities 命令的结构

字节 \ 位	7	6	5	4	3	2	1	0
0	Operation Code(23h)							
1	Logical Unit Number			Reserved				
2	Reserved							
3	Reserved							
4	Reserved							
5	Reserved							
6	Reserved							
7	Allocation Length(MSB)							
8	Allocation Length(LSB)							
9	Reserved							
10	Reserved							
11	Reserved							

其中的 Allocation Length 为主机分配的数据阶段返回数据的缓冲区最大值，设备在返回请求数据时，数据的长度不能超过 Allocation Length。通常情

况下主机的 Allocation Length 都比较大，在有些嵌入式 USB 协议栈中，也并没有判断 Allocation Length 的长度。

该命令的返回数据格式比 Inquiry 要复杂一些。一般的嵌入式设备，返回命令可简化为：返回一个 Capacity List Header 结构和一个 Current/Maximum Capacity Descriptor 结构。

Capacity List Header 的结构如表 5-14 所示，其中的 Capacity List Length 为 Current/Maximum Capacity Descriptor 的结构的长度。Current/Maximum Capacity Descriptor 的结构如表 5-15 所示。

表 5-14　Capacity List Header 的结构

位 字　节	7	6	5	4	3	2	1	0
0	Reserved							
1	Reserved							
2	Reserved							
3	Capacity List Length							

表 5-15　Current/Maximum Capacity Descriptor 的结构

位 字　节	7	6	5	4	3	2	1	0
0	(MSB)Number of Blocks							
1								
2								
3								
4	Reserved						Descriptor Code	
5	(MSB)Block Length							
6								
7								

- **Number of Blocks：**NVM 总共有多少块，MSC 设备传输数据时按块传输，这里设置整个设备有多少个块。

- **Block Length：**块大小，通常设置为 NVM 的物理存储块大小，如 SD 卡通常设置为 512 字节。

NVM 的容量可以表述为：容量 = 块数×每个块大小。例如，某 SD 卡的容量为 512Mbyte。每个块大小为 512 字节，则块数为 512M/512 =1048576。

4. Read Capacity(0x25)

主机通过该命令请求设备返回当前存储介质的容量。其结构如表 5-16 所示，其中 Logical Block Address, RelAdr, PMI 字段均为 0。

表 5-16　Read Capacity 命令的结构

位 字　节	7	6	5	4	3	2	1	0
0	Operation Code(25h)							
1	Logical Unit Number			Reserved				RelAdr
2	(MSB)Logical Block Address							
3								
4								
5								
6	Reserved							
7	Reserved							
8	Reserved							
9	Reserved							
10	Reserved							
11	Reserved							

请求命令的返回数据结与 Read Format Capacities 不一样，某结构如表 5-17 所示。

表 5-17　Read Format Capacities 命令的结构

位 字　节	7	6	5	4	3	2	1	0
0	(MSB)Logical Block Address							
1								
2								
3								
4	(MSB)Block Length In Bytes							
5								
6								
7								

- Last Logical Block Address：最后一个逻辑块地址。
- Block Length In Bytes：每块字节数（块大小）。

设备容量（字节数）=（最后一个逻辑块地址+1）×每块字节数

注意计算方式和 Read Format Capacities 不同。

5. Read10(0x28)/Read12(0xA8)

主机通过 Read10/Read12 读取设备 NVM 上的实际的数据，Read10 和 Read12 结构非常类似，只是一些参数在数据结构中的偏移不同而已。本节以 Read10 为例来讲解。Read10 命令的结构如表 5-18 所示。

表 5-18　Read10 命令的结构

位 字 节	7	6	5	4	3	2	1	0
0	Operation Code(28h)							
1	Logical Unit Number			DPO	FUA	Reserved		RelAdr
2	(MSB)Logical Block Address							
3								
4								
5								
6	Reserved							
7	Transfer Length(MSB)							
8	Transfer Length(LSB)							
9	Reserved							
10	Reserved							
11	Reserved							

其中 DPO, FUA, RelAdr 都为 0。Logical Block Address 为读数据的起始逻辑地址。Transfer Length 为传输长度，特别注意的是，Transfer Length 的单位是逻辑块，而不是字节。MSC 传输中的最小传输单元都是逻辑块。当该命令发送后，主机就会分批从设备 NVM 中读取数据。所有数据传输完成后，设备返回 SCW，完成一次 Read 传输。

6. Write10(0x2A)/Write12(0xAA)

主机通过 Write10/Write12 读取设备 NVM 上的实际数据，Write10 和 Write12 结构非常类似，只是一些参数在数据结构中的偏移不同而已。本节以 Write10 为例来讲解。Write10 命令的结构如表 5-19 所示。

表 5-19 Write10 命令的结构

字节 \ 位	7	6	5	4	3	2	1	0
0	Operation Code(2Ah)							
1	Logical Unit Number			DPO	FUA	Reserved		RelAdr
2	(MSB)Logical Block Address							
3								
4								
5								
6	Reserved							
7	Transfer Length(MSB)							
8	Transfer Length(LSB)							
9	Reserved							
10	Reserved							
11	Reserved							

其中 DPO，FUA，RelAdr 都为 0。Logical Block Address 为读数据的起始逻辑地址。Transfer Length 为传输长度，特别注意的是，Transfer Length 的单位是逻辑块，而不是字节。MSC 传输中的最小传输单元都是逻辑块。当该命令发送后，主机就会分批将需要写入的数据发送到设备中，设备依次再将数据写入自己的 NVM 中。所有数据传输完成后，设备返回 SCW，完成一次 Write 传输。

7. Request Sense（0x03）

主机通过该命令来探测设备的一些状态,包括当 SCW 返回错误时的失败原因等。该命令是主机频繁下发的命令之一。其结构如表 5-20 所示。

表 5-20　Write10 Request Sense 命令的结构

位 字节	7	6	5	4	3	2	1	0
0	Operation Code(03h)							
1	Logical Unit Number			Reserved				
2	Reserved							
3	Reserved							
4	Allocation Length							
5	Reserved							
6	Reserved							
7	Reserved							
8	Reserved							
9	Reserved							
10	Reserved							
11	Reserved							

该命令的返回格式共 18 字节，其结构如表 5-21 所示。

表 5-21　Write10 Request Sense 命令返回格式

位 字节	7	6	5	4	3	2	1	0
0	Valid	Error Code(70h)						
1	Reserved							
2	Reserved				Sense Key			
3	(MSB)Information							
4								
5								
6								
7	Additional Sense Length(10)							
8	Reserved							
9								
10								
11								

续表

字节\位	7	6	5	4	3	2	1	0
12	Additional Sense Code(Mandatory)							
13	Additional Sense Code Qualifier(Mandatory)							
14	Reserved							
15	Reserved							
16								
17								

- **Valid:** 0 表示返回数据不符合 UFI 规范，1 表示返回数据符合 UFI 规范。
- **Sense Key, Additional Sense Code, and Additional Sense Code Qualifier**：标志出错的具体代码信息。具体可在 UFI 协议规范中查到。Sense Key 中有一条常用指令为"NOT READY（0x02）"，表示逻辑单元未准备好。
- **Information**：一些错误信息需要指出发生错误的逻辑块地址，该字段用于返回出错的逻辑地址数据。
- **Additional Sense Length(10)**：需要固定设置为 10。

当主机发送该命令时，设备要返回当前命令执行错误的原因代码供主机使用。

8. Test Unit Ready(0x00)

主机通过该命令检测某个逻辑单元是否准备好读写。该命令也是主机频繁发送的命令之一。命令格式如表 5-22 所示。

该命令没有数据阶段，也就是没有返回数据结构，直接返回 CSW。如果对应的逻辑单元已准备好，直接在 CSW 中标记命令执行成功；如果没有执行成功，在 SCW 中标记失败。

如果 SCW 返回失败，主机会发送 Request Sense 来探测失败原因。这时需要将 Requset Sense 返回结构中的 Sense Key 设置为"NOT READY"，表示未准备好。

表 5-22　Test Unit Ready 命令格式

字节 ＼ 位	7	6	5	4	3	2	1	0
0	Operation Code(00h)							
1	Logical Unit Number			Reserved				
2	Reserved							
3	Reserved							
4	Reserved							
5	Reserved							
6	Reserved							
7	Reserved							
8	Reserved							
9	Reserved							
10	Reserved							
11	Reserved							

5.3　代码实例

本节介绍 SDK 中 USB 协议栈 MSC 部分的 demo 代码。分析代码的文件组织形式和执行流程。通过分析代码和下载实验，可以更加深刻地了解 MSC 设备的运行流程和工作原理。本节只介绍例程的无操作系统（bm）版本。

■ 5.3.1　MSC 设备入门例程

MSC 设备入门例程（usb_device_msc_ramdisk）是 USB MSC 设备的入门例程。它使用片内 RAM 当作设备的存储介质（注意 RAM 数据是掉电丢失的，此处存储介质并不是 NVM 了。也就是说，demo 重新上电时，U 盘里数据会全部丢失，而且需要主机重新格式化）。所以下载这个例程后，板子并不能作为一个真正的 U 盘来使用。其目的是使用户熟悉 USB 协议栈 MSC 设备的开发流程，类似于学习串口时的 helloWorld 程序。同时，用 RAM 作为设备存储介质还有一个另外的好处：用来测试 USB Stack 的速度。因为读写 RAM 通常比写 Flash 等 NVM 要快得多，所以一般的 USB Stack 测速程序一般使用 RAM 作为存储介质。这样可以比较真实地反映 USB 本身的性能。

该例程位于\SDK_2.2_LPC54608J512\boards\lpcxpresso54608\usb_examples\usb_device_msc_ramdisk。

其中 demo 应用层位于 source 目录下，结构如图 5-9 所示。

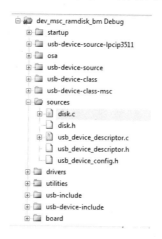

图 5-9　MSC 设备入门例程的 SDK 工程结构

● **disk.c/disk.h**：包含 main 的 demo 主程序，一些应用层设置（如 U 盘容量、逻辑块大小等）位于 disk.h 中。

● **usb_device_descriptor.c/usb_device_descriptor.h**：包含 demo 枚举时用到的所有描述符。

整个 demo 工作流程类似于之前的 HID 和 CDC 设备。所有的 USB 设备操作都是首先由主机发起，然后设备响应主机的中断，完成对应的操作后返回状态。这里要注意的是，应用程序需要处理 MSC 设备的回调函数 USB_DeviceMscCallback。在该回调函数中，协议栈会向应用程序发送一些事件，应用程序通过判断事件完成对应的操作。通过这种机制，协议栈和应用程序互相配合来完成整个 MSC 的流程。

在 USB_DeviceMscCallback 函数中，几个重要的事件回调分析如下：

- **kUSB_DeviceMscEventReadResponse**：主机已经完成读取 Read10/Read12 请求的数据，需要设备返回 CSW 状态。

- **kUSB_DeviceMscEventWriteResponse**：设备已经接收了主机发送的 Write10/Write12 下发的数据，接下来需要设备将缓存的数据写入 NVM。写入后，返回 CSW 状态。

- **kUSB_DeviceMscEventWriteRequest**：该事件是主机下发的，Write10/Write12 是 USB 协议栈给应用程序的回调事件。应用程序通过该事件获得主机请求写入的逻辑块地址和长度，并申请内存去接收主机发送的数据。

- **kUSB_DeviceMscEventReadRequest**：主机需要读取设备 NVM 中的数据，设备通过该事件获取主机请求读取的逻辑块和长度，然后将数据返回给主机。

在这个例程中，文件调用关系略显复杂，这是因为 USB MSC 传输速度本身对于 MCU 或者 MCU 读取 NVM 的速度来说比较高，所以在编程时，通常采用异步的事件驱动形式提高效率。但是在本例中，存储介质只是普通的片内 RAM，所以不需要任何读写 NVM 驱动程序，地址直接访问就可以读写 RAM 中的数据。本例在此处直接将 USB 协议栈传来的数据写入/读入 RAM，如图 5-10 所示。

```
case kUSB_DeviceMscEventWriteRequest:
    lbaData = (usb_device_lba_app_struct_t *)param;
    /*offset is the write start address get from write command, refer to class driver*/
    lbaData->buffer = g_msc.storageDisk + lbaData->offset * LENGTH_OF_EACH_LBA;
    break;
case kUSB_DeviceMscEventReadRequest:
    lbaData = (usb_device_lba_app_struct_t *)param;
    /*offset is the read start address get from read command, refer to class driver*/
    lbaData->buffer = g_msc.storageDisk + lbaData->offset * LENGTH_OF_EACH_LBA;
    break;
```

图 5-10　SDK 中数据读写的实现

在 disk.h 中，可以定义存储介质的逻辑块大小和总块数，以及支持的逻辑单元数量，如图 5-11 所示。

```
18
19   /* Length of Each Logical Address Block */
50   #define LENGTH_OF_EACH_LBA (512U)
51   /* total number of logical blocks present */
52   #define TOTAL_LOGICAL_ADDRESS_BLOCKS_NORMAL (128U)
53   /* Net Disk Size , default disk is 48*512, that is 24kByte, however , the disk reconnised by that PC only has 4k Byte,
54    * This is caused by that the file system also need memory*/
55   #define DISK_SIZE_NORMAL (TOTAL_LOGICAL_ADDRESS_BLOCKS_NORMAL * LENGTH_OF_EACH_LBA)
56
57   #define LOGICAL_UNIT_SUPPORTED (1U)
58
```

图 5-11　逻辑块的修改

可以修改对应的值来观察效果，验证之前所学的知识。

5.3.2　SD 卡读卡器例程

本例的结构与上节分析的例子很类似。只不过在真正读写数据时并不是读写 RAM，而是调用 SD 卡的驱动函数读写 SD 卡中真正的 Flash 闪存。

该 例 程 位 于 \SDK_2.2_LPC54608J512\boards\lpcxpresso54608\usb_examples\usb_device_msc_sdcard。

其中 demo 应用层位于 source 目录下，其结构如图 5-12 所示。

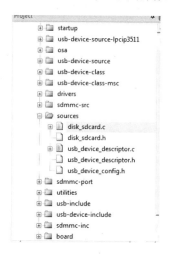

图 5-12　SD 卡读卡器 SDK 工程结构

● **disk_sdcard.c/disk_sdcard.h**：包含 main 的 demo 主程序，一些应用层设置（如 U 盘容量、逻辑块大小等）位于 disk_sdcard.h 中。

- usb_device_descriptor.c/usb_device_descriptor.h：包含 demo 枚举时用到的所有描述符。

既然是 SD 卡读卡器，就需要 SD 卡的驱动程序，SDK 中正好集成了 SD 卡的驱动程序，并以中间件形式提供，位于\SDK_2.2_LPC54608J512\middleware\sdmmc_2.1.2。

在本例中，我们只需要调用 sdmmc_2.1.2 中的 SD 卡驱动 API 函数即可轻松操作 SD 卡。实际上只用了 3 个 API 函数：

- SD_Init 初始化 SD 卡。
- SD_ReadBlocks 读 SD 卡数据。
- SD_WriteBlocks 写 SD 卡数据。

在程序开始后，demo 调用 SD_Init 函数来初始化卡，如果卡未插入或未初始化成功，则打印错误代码并返回。在 USB_DeviceMscCallback 中，需要注意 Response 和 Request 的区别：

- 读取 SD 卡数据：在 ReadRequest 中直接调用 SD_ReadBlock 读取数据，并把数据传回 USB Stack。
- 写数据到 SD 卡：在 WriteRequest 中先将主机发来的数据缓存到 RAM 中，然后在 WriteRespond 中再将缓存的数据写入 SD 卡中。

第 6 章

USB CDC 类应用开发

6.1 简介

现代嵌入式系统中，串行异步通信接口（UART）往往作为标配外设出现在 MCU 和嵌入式应用中。很多工程师接触一款新的 MCU 时，第一个要学习实现的就是 UART。第一个"HelloWorld"程序也往往通过串口打印到 PC 机上。可以说，在嵌入式尤其是 MCU 中，串口是最简单、最重要的传输外设。

目前的 MCU 产品，很多都是采用"模块"方式组装起来的。某一个特定功能的实现，被第三方开发商封装为一个模块。当需要使用该功能时，只要将模块买来，然后和主 MCU 连上即可使用，极大地加快了开发进度。这些模块很多都是靠串口连接到主 MCU 的，如比较流行的串口转以太网模块、串口转 WiFi 模块、串口转 GPRS 无线模块等。

随着 PC 机的发展，串口逐渐从 PC 机上消失，在市面上已经很难能买到带串口的台式机或者笔记本了，对嵌入式工程师及开发人员来说，就会面临自己新买的 PC 机上没有串口，或者调试现场的客户计算机没有串口的尴尬局面。这时候，往往就需要一个"USB 转串口"来完成 PC 机与嵌入式通信。目前很多芯片厂家推出了专用的 USB 转串口芯片，用户不需要对其进行二次编程，其驱动程序也已经被开发好，客户只需要安装驱动程序就可以直接使用。硬件固化的 USB 转串口具有廉价、稳定、高速的特点，已经逐渐成为 USB 转串口类产品中的主流选择。深入学习 USB 转串口背后的实现机制仍然很有必要。它不但可以让我们更深入地了解 USB 开发本身，而且还可以将 USB 转串口这个功能集成在自己的 USB 产品中。

■ 6.1.1　USB CDC 类

在 USB 协议中，有一类称为 CDC 类（Communication Device Class）。这也是一个非常大的 USB 子类协议簇。CDC 类是 USB 组织定义的一类专门给各种通信设备使用的 USB 子类。根据 USB 类所针对的通信设备的不同，CDC 类主要被划分成以下不同的通信模型：

- USB 传统纯电话业务（POTS）模型。
- USB ISDN 模型。
- USB 网络通信模型。

其中，USB 传统纯电话业务模型又可分直接控制模型、抽象控制模型和 USB 电话模型。虽然这个"USB 版本的电话"到现在似乎还是没有火起来，但是传统电话业务中的抽象控制模型为我们提供了一个通用 USB 转串口的一个可实现途径：在抽象控制模型的传输协议选项中，有一个叫作"Common AT Command"的传输协议，使用它可以在 PC 上增加一个虚拟串口设备。

■ 6.1.2　CDC 类设备的组成

CDC 协议定义了一种使 USB 总线能够支持任何通信设备（如支持电信设备、多媒体网络设备等）的框架。它并非试图重定义已经存在的那些通信设备连接和控制标准，而是定义了一种确定设备与主机应该使用哪种现有协议的机制。CDC 会尽可能地使用已存在的通信数据格式，由 USB 通过恰当的描述符（Descriptor）、接口（Interface）和服务请求（Request）定义使这些数据格式能够在 USB 总线上传输。准确地说，CDC 规范描述了一种包含 USB 接口、数据结构和服务请求的框架，在该框架下种类繁多的通信设备能够被定义和实现。

通常一个 CDC 类设备由两个子类接口组成：1 个通信接口类接口（Communication Interface Class）和 0 个或多个数据接口类接口（Data Interface Class）。主机主要通过通信接口类对设备进行管理和控制，通过数据接口类传送数据。对于前面所述的不同 CDC 类模型，其对应的接口的端点需求也是不同的，两个接口子类占有不同数量和类型的端点（Endpoints）。

- 通信接口类接口（Communication Interface）：设备通过通信接口通过定义好的申请（request）和通知（notification）实施设备控制和可能的呼叫控制。因此，通信接口是通信设备必须配置的接口，通信接口类一般需要 1 个控制端点（Control Endpoint，EP0）和 1 个可选的中断（Interrupt）端点。为了达到设备控制的目的，通信设备类在配置描述符中必须通过联合功能描述符（Union Functional Descriptor）将通信接口和数据接口组织起来。
- 数据接口类接口（Data Interface Class）：当通信设备需要传输数据的格式不符合任何类的要求时，需要用数据接口实现。一个通信设备可以包含 0 个或多个数据接口，数据接口上的数据格式由主机和设备通过通信接口协商决定。数据接口子类需要一个方向为输入（IN）的块传输或同步传输类型端点和另一个方向为输出（OUT）的块传输或同步传输类型端点。

通俗来讲，CDC 设备一般工作需要至少 2 个接口，其中，实际的传输数据通过数据类接口的批量端点来传输。一些控制命令（如设置串口波特率、校验位等），通过端点 0（控制端点）以类请求的形式来传输。

6.2 请求及描述符

■ 6.2.1 CDC 设备配置描述符

一般一个设备只有一个接口，但 CDC 设备若要工作则需要至少有两个接口：一个通信接口，一个数据接口。这样在配置描述符中的 bNumInterfaces 字段就需要填入 2，表示该配置有 2 个接口。在 SDK 中，CDC 类的配置值描述符的接口数在 USB_CDC_VCOM_INTERFACE_COUNT 宏中定义，如图 6-1 所示。

```
/* Define configuration descriptor */
uint8_t g_UsbDeviceConfigurationDescriptor[USB_DESCRIPTOR_LENGTH_CONFIGURATION_ALL] = {
    /* Size of this descriptor in bytes */
    USB_DESCRIPTOR_LENGTH_CONFIGURE,
    /* CONFIGURATION Descriptor Type */
    USB_DESCRIPTOR_TYPE_CONFIGURE,
    /* Total length of data returned for this configuration. */
    USB_SHORT_GET_LOW(USB_DESCRIPTOR_LENGTH_CONFIGURATION_ALL),
    USB_SHORT_GET_HIGH(USB_DESCRIPTOR_LENGTH_CONFIGURATION_ALL),
    /* Number of interfaces supported by this configuration */
    USB_CDC_VCOM_INTERFACE_COUNT,
    /* Value to use as an argument to the SetConfiguration() request to select this configuration */
    USB_CDC_VCOM_CONFIGURE_INDEX,
    /* Index of string descriptor describing this configuration */
    0,
    /* Configuration characteristics D7: Reserved (set to one) D6: Self-powered D5: Remote Wakeup D4...0:
```

图 6-1　CDC 类的配置值描述符的接口数定义

在配置描述符后，要跟两个接口描述符，每个接口描述符中又有很多各自的细节，描述如下。

6.2.2　通信接口描述符

CDC 设备中，必须要有一个 CDC 通信接口。它实际上是一个标准的接口描述符，并且拥有一个数据输入端点用来报告主机的一些状态。要实现 USB 转串口功能，需要将 USB 的通信接口类的类型设置为 Abstract Control Model 子类和 Common AT Commands 传输协议。具体的接口描述符在 SDK 中定义，如图 6-2 所示。

```
/* Communication Interface Descriptor */
USB_DESCRIPTOR_LENGTH_INTERFACE, USB_DESCRIPTOR_TYPE_INTERFACE, USB_CDC_VCOM_COMM_INTERFACE_INDEX, 0x00,
USB_CDC_VCOM_ENDPOINT_CIC_COUNT, USB_CDC_VCOM_CIC_CLASS, USB_CDC_VCOM_CIC_SUBCLASS, USB_CDC_VCOM_CIC_PROTOCOL,
0x00, /* Interface Description String Index*/
```

图 6-2　通信接口描述符在 SDK 中的定义

- USB_CDC_VCOM_ENDPOINT_CIC_COUNT：该接口所拥有的端点数量，为 1。
- USB_CDC_VCOM_CIC_CLASS：该接口的 USB 设备类，为 0x02，即 USB 通信接口类。
- USB_CDC_VCOM_CIC_SUBCLASS：接口子类，为 0x02，即 USB

Abstract Control Model。

● USB_CDC_VCOM_CIC_PROTOCOL：接口协议，0x01，即 AT Command 传输协议。

1. 类特殊接口描述符

在 CDC 类中，需要在通信接口描述符后跟一个叫作功能描述符（Functional Descriptors）的类特殊接口描述符（Class–Specific Interface Descriptor），它们用来描述接口的功能。功能描述符完毕之后会按照 USB 的规则存放端点描述符。

功能描述符本身又是一个集合，包含 header 描述符和后面的具体功能描述符。该部分的官方说明在 USB Class Definitions for Communications the Communication specification version 1.10 中。

Function Descriptor 的一般结构如表 6-1 所示。

表 6-1　Device Function Descriptor 的一般结构

偏　移	位　域	大　小	值	描　　述
0	bFunctionalLength	1	Number	Size of this descriptor
1	bDescriptorType	1	Constant	CS_INTERFACE
2	bDescriptorSubtype	1	Constant	详见表 6-2
3	（function specific data）	1	Misc.	First function specific data type. These fields will vary depending on the functional descriptor being represented
⋮	⋮	⋮	⋮	⋮
N+2	（function specific data N-1）	1	Misc.	Nth function specific data type. These fields will vary depending on the functional descriptor being represented

● bFunctionLength：描述符长度。

● bDescriptorType：固定为 0x24（CS_INTERFACE）。

● bDescritporSubType：描述符子类，见表 6-2。

● function specific data：具体和描述符有关的数据。

所有的描述符子类如表 6-2 所示。

表 6-2　描述符子类列

描述符子类	通信接口描述符	数据接口描述符	描　　述
00h	支持	支持	功能描述符头，该描述符意味着后续将是其他功能描述符
01h	支持	不支持	Call Management 功能描述符
02h	支持	不支持	抽象控制管理功能描述符
03h	支持	不支持	Direct Line Management 功能描述符
04h	支持	不支持	Telephone Ringer 功能描述符
05h	支持	不支持	Telephone Call and Line State Reporting Capability 功能描述符
06h	支持	不支持	Union 功能描述符
07h	支持	不支持	Country Selection 功能描述符
08h	支持	不支持	Telephone Operation Mode 功能描述符
09h	支持	不支持	USB Terminal 功能描述符
0Ah	支持	不支持	Network Channel 终端描述符
0Bh	支持	不支持	协议单元功能描述符
0Ch	支持	不支持	拓展单元功能描述符
0Dh	支持	不支持	多通道管理功能描述符
0Eh	支持	不支持	CAPI 控制管理功能描述符
0Fh	支持	不支持	以太网网络功能描述符
10h	支持	不支持	ATM 网络功能描述符
11-FFh	N/A	N/A	保留

1）Function Header Descriptor

所有的 Function Descriptor 之前都必须至少有一个 Function Header Descriptor，这样主机才能正常解析后面的描述符数据。Function Header Descriptor 也是一个 Function Descriptor 符结构，实际上就是 5 字节，其结构如表 6-3 所示。

表 6-3　描述符子类

偏　移	位　域	大小/字节	值	描　述
0	bFunctionalLength	1	数字	描述符长度，单位为字节
1	bDescriptorType	1	常量	CS_INTERFACE 描述符类型
2	bDescriptorSubtype	1	常量	子描述符类型见表 6-2
3	bcdCDC	2	数字	USB类中CDC类的定义的类代码

在 SDK 中代码如图 6-3 所示。

```
/* CDC Class-Specific descriptor */
USB_DESCRIPTOR_LENGTH_CDC_HEADER_FUNC, /* Size of this descriptor in bytes */
USB_DESCRIPTOR_TYPE_CDC_CS_INTERFACE, /* CS_INTERFACE Descriptor Type */
USB_CDC_HEADER_FUNC_DESC, 0x10,
0x01, /* USB Class Definitions for Communications the Communication specification version 1.10 */
```

图 6-3　Function Header Descriptor 在 SDK 中的定义

2）Call Management Functional Descriptor

共 5 个字节，格式遵循 Function Descriptor 通用结构，前 3 个字节在前面介绍过，下面从第四个字节介绍。

第四个字节为 bmCapabilities，它描述设备的能力，最低 2 位 D0 和 D1 有意义，其他位保留。

● D0：0 标识设备自己不处理调用管理（Call Management），1 表示自己处理，D0 为 0 时 D1 将被忽略。

● D1：0 表示传输数据仅通过通信类接口，1 表示数据通过数据类接口。

这里将 bmCapabilities 设置为 0。

第五字节为 bDataInterface，表示用来做调用管理的数据类接口编号，我们不使用数据类做调用管理，所以设置为 0。

3）Abstract Control Management Functional Descriptor

共 4 个字节，格式遵循 Function Descriptor 通用结构，前三个字节在前面介绍过，下面从第四个字节介绍。

第四个字节是 bmCapabilities，D0, D1, D2, D3 有意义，D4～D7 保留。

- D0：表示是否支持如下请求：Set_Comm_Feature, Clear_Comm_Feature, Get_Comm_Feature。
- D1：表示是否支持 Set_Line_Coding, Set_Control_line_State, Get_Line_Coding。
- D2：表示是否支持 Send_Break。
- D3：表示是否支持 NetWork_Connection。

一般 MCU 仅将 D1 设置为 1，表示支持 Set_Line_Coding 和 Get_Line_Coding 指令，这 2 个指令十分重要，通过这 2 个指令，主机和设备之间可以交互波特率、停止位、数据位等基本信息。

4）Union Functional Descriptor

至少 5 个字节，格式遵循 Function Descriptor 通用结构，它描述一组接口之间的关系，可以被当作一个整体的功能单元看待。这些接口中有一个是主接口，其他的作为从接口。第四字节为主接口编号，后面的字节为从接口编号。可以有多个从接口。本例程只有从接口，即后面的数据类接口。

2. 端点描述符

通信类接口只需要一个中断输入端点。在 SDK 中代码如图 6-4 所示。

```
/*Notification Endpoint descriptor */
USB_DESCRIPTOR_LENGTH_ENDPOINT, USB_DESCRIPTOR_TYPE_ENDPOINT, USB_CDC_VCOM_INTERRUPT_IN_ENDPOINT | (USB_IN << 7U),
USB_ENDPOINT_INTERRUPT, USB_SHORT_GET_LOW(FS_CDC_VCOM_INTERRUPT_IN_PACKET_SIZE),
USB_SHORT_GET_HIGH(FS_CDC_VCOM_INTERRUPT_IN_PACKET_SIZE), FS_CDC_VCOM_INTERRUPT_IN_INTERVAL,
```

图 6-4　通信接口端点描述符在 SDK 中的定义

6.2.3　数据接口描述符

真正的串口数据都是通过数据接口来传输的。这里编号为 1，对应前面通信接口描述符中的 Union Functional Descriptor 中从接口的第一个编号。数据接口描述符相对于通信接口描述符要简单一些，只有接口描述符本身和两个批量端点的描述符。其中，接口端点使用 2 个批量数据端点。注意在全速 USB 模式下，批量端点的最大包长度为 64 字节。对应的 SDK 代码描述如图 6-5 所示。

```
/* Data Interface Descriptor */
USB_DESCRIPTOR_LENGTH_INTERFACE, USB_DESCRIPTOR_TYPE_INTERFACE, USB_CDC_VCOM_DATA_INTERFACE_INDEX, 0x00,
USB_CDC_VCOM_ENDPOINT_DIC_COUNT, USB_CDC_VCOM_DIC_CLASS, USB_CDC_VCOM_DIC_SUBCLASS, USB_CDC_VCOM_DIC_PROTOCOL,
0x00, /* Interface Description String Index*/

/*Bulk IN Endpoint descriptor */
USB_DESCRIPTOR_LENGTH_ENDPOINT, USB_DESCRIPTOR_TYPE_ENDPOINT, USB_CDC_VCOM_BULK_IN_ENDPOINT | (USB_IN << 7U),
USB_ENDPOINT_BULK, USB_SHORT_GET_LOW(FS_CDC_VCOM_BULK_IN_PACKET_SIZE),
USB_SHORT_GET_HIGH(FS_CDC_VCOM_BULK_IN_PACKET_SIZE), 0x00, /* The polling interval value is every 0 Frames */

/*Bulk OUT Endpoint descriptor */
USB_DESCRIPTOR_LENGTH_ENDPOINT, USB_DESCRIPTOR_TYPE_ENDPOINT, USB_CDC_VCOM_BULK_OUT_ENDPOINT | (USB_OUT << 7U),
USB_ENDPOINT_BULK, USB_SHORT_GET_LOW(FS_CDC_VCOM_BULK_OUT_PACKET_SIZE),
USB_SHORT_GET_HIGH(FS_CDC_VCOM_BULK_OUT_PACKET_SIZE), 0x00, /* The polling interval value is every 0 Frames */
```

图 6-5　数据接口描述符在 SDK 中的定义

注意数据接口类的子类代码为 0x0A，即代码中的 USB_CDC_VCOM_DIC_SUBCLASS 字段。子类和子类协议均填为 0 即可。

至此，USB 转串口例程中的所有描述符介绍结束。

6.2.4　CDC 类请求

在 CDC 设备的枚举过程中，主机会向设备发送几种类请求命令。如前面 Abstract Control Management Functional Descriptor 描述的 GET_LINE_CODING, SET_LINE_CODING 等请求。通过这些请求，主机可以获取或设置设备的串口属性，如波特率等。下面依次详细介绍这些请求。这里，细心的读者可能会有疑问，既然 CDC 虚拟串口设备是通过 USB 批量端点传输的，那么串口的波特率、停止位等属性还有什么作用呢？答案是，对于传输数据本身，确实没用。不过波特率设置为多少，USB 传输带宽总是等于批量端点传输的最大带宽，在这里，USB 只是尽量去模拟，实现传统的串口的一切特性。在 USB 的传输中，虽然波特率不影响真正的数据传输速度，但是假设用 CDC 作用 USB 转串口，那么就必须知道上位机所设置的波特率是多少，这样才能将 USB 接收的数据以正确的波特率转发到真正的物理串口上。

1. GET_LINE_CODING 请求

GET_LINE_CODING 请求是一个标准输入请求，是主机获取设备当前串口属性的请求，包括波特率、停止位、校验位及数据位的位数。其中，GET_LINE_CODING 指令编码为 0x21，后面需要跟一个 Line Coding 数据结构。这个数据结构在后面的数据阶段由设备传送到主机，GET_LINE_CODING 标准请求结构如表 6-4 所示。

表 6-4　GET_LINE_CODING 请求

请求类型	请求代码	长　度	接口号	数据长度	数　据
101000001B	GET_LINE_CODING	0	Interface	结构体长度	LIND CODING 结构体

Line Coding 请求数据结构如表 6-5 所示。

表 6-5　Line Coding 请求数据结构

偏　移	位　域	大　小	值类型	描　述
0	dwDTERate	4	Number	波特率
4	bCharFormat	1	Number	Stop bit: - 1 Stop bit - 1.5 Stop bit - 2 Stop bit
5	bParityType	1	Number	Parity - None - Odd - Even - Mark - Space
6	bDataBits	1	Number	Data bit（5,6,7,8 or 16）

Line Coding 结构中定义了波特率、停止位及校验位等信息的描述，在 SDK 中，为了避免大小端问题，Line Coding 使用一个数组来存放，如图 6-6 所示。

```
9   /* Line codinig of cdc device */
0 ⊟ static uint8_t s_lineCoding[LINE_CODING_SIZE] = {
1     /* E.g. 0x00,0xC2,0x01,0x00 : 0x0001C200 is 115200 bits per second */
2     (LINE_CODING_DTERATE >> 0U) & 0x000000FFU,
3     (LINE_CODING_DTERATE >> 8U) & 0x000000FFU,
4     (LINE_CODING_DTERATE >> 16U) & 0x000000FFU,
5     (LINE_CODING_DTERATE >> 24U) & 0x000000FFU,
6     LINE_CODING_CHARFORMAT,
7     LINE_CODING_PARITYTYPE,
8     LINE_CODING_DATABITS};|
9
```

图 6-6　Line Coding 结构在 SDK 中的定义

注意，在 SDK 的 demo 中，Line Coding 的数据被宏定义写死了。如需改变只能重新编译。如果应用中需要实时改变 Line Coding 的值（如 USB 转串口）则需要做相应的修改。

2. SET_LINE_CODING 请求

这个请求是一个标准输出请求，与 GET_LINE_CODING 相对应。主机通过这条指令来设置设备的串口属性。其数据结构也与 GET_LINE_CODING 一模一样，如表 6-6 所示。

表 6-6 SET_LINE_CODING 请求数据结构

请求类型	请求代码	长 度	接口号	数据长度	数 据
001000001B	SET_LINE_CODING	Zero	Interface	结构体长度	LIND CODING 结构体

3. SET_CONTROL_LINE_STATE 请求

这是一个没有数据过程的标准输出请求，作用是设置设备的 DTR 和 RTS 引脚电平。在 Control Singal Bitmap 的 D0 和 D1 位控制，D0 位表示 DTR 的电平，D1 表示 RTS 的电平。其数据结构如表 6-7 所示。

表 6-7 SET_CONTROL_LINE_STATE 请求数据结构

请求类型	请求代码	长 度	接口号	数据长度	数 据
001000001B	SET_CONTROL_LINE_STATE	控制位图	Interface	Zero	无

在 SDK 的代码中，这些常用的请求都在 USB 协议栈的 CDC 协议层处理，如果需要应用层干预，则会通过 USB_DeviceCdcVcomCallback 函数在应用层进行回调。

6.3 代码实例

本节介绍 SDK 中 USB 协议栈 CDC 部分的 demo 代码，并分析代码的文件组织形式和执行流程。通过分析代码和下载实验，可以更加深刻地认识 CDC 设备的运行流程和工作原理。本节只介绍例程的无操作系统（bm）版本。

在 SDK 中，CDC 设备有两种应用的 demo：一个是 CDC_VCOM，即虚拟串口；另一个是 USB_VNIC，即 CDC 网络适配器。本节只介绍 USB_VCOM。

该例程位于 SDK_2.2_LPC54608J512\boards\lpcxpresso54608\usb_ examples\ usb_device_cdc_vcom。

该例程实现一个 USB_VCOM 实例，并实现回显（echo）功能。具体 demo 操作步骤可以查看 demo 目录文件夹下的 readme 文档，位于 SDK_2.2_LPC54608J512\boards\lpcxpresso54608\usb_examples\usb_device_cdc _vcom\bm\readme.pdf。

由于 Windows 系统并不能自动安装 USB_VCOM 设备，需要手动安装虚拟串口驱动。该驱动文件为 INF 格式，位于 SDK_2.2_LPC54608J512\boards\ lpcxpresso54608\usb_examples\usb_device_cdc_vcom\inf。

具体的安装步骤可以参考 readme.pdf 文档，本节不再赘述。

编译下载 demo，启动并安装好之后，计算机会识别出一个虚拟串口，可以用串口调试工具打开，输入任何字符，板子都会回复同样的字符，即回显。下面具体分析这个例程的代码。

首先在 vitural_com.c 中，定义了全局发送和接收缓冲区和对应的计数器，如图 6-7 所示。

```
/* Data buffer for receiving and sending*/
USB_DATA_ALIGNMENT static uint8_t s_currRecvBuf[DATA_BUFF_SIZE];
USB_DATA_ALIGNMENT static uint8_t s_currSendBuf[DATA_BUFF_SIZE];
volatile static uint32_t s_recvSize = 0;
volatile static uint32_t s_sendSize = 0;
```

图 6-7　虚拟串口缓存区在 SDK 中的定义

所有对 USB 设备的应用层回调，都在 USB_DeviceCallback 函数中实现，如描述符的获取等。

所有对 CDC 设备的应用层回调，都在 USB_DeviceCdcVcomCallback 函数中实现，这个函数负责处理 USB 协议栈向用户发送的任何 CDC 类的协议请求，几个重要的请求列举如下：

● kUSB_DeviceCdcEventSendResponse：批量端点已经完成发送。

● kUSB_DeviceCdcEventRecvResponse： 批量端点已经完成接收。

● kUSB_DeviceCdcEventGetLineCoding：收到 GetLineCoding 请求。

● kUSB_DeviceCdcEventSetLineCoding：收到 SetLineCoding 请求。

GetLineCoding 请求，只需要把设备当前的串口状态更新到 LineCoding 结构体中，发送即可。

SetLineCoding 请求，与 Get 相反，把当前收到的 LineCoding 解码，然后把物理串口做相应操作即可（本 demo 并不是一个完整的 USB 转串口，对于 Get/SetLineCoding 的数据，并没有做任何处理）。

对于 SendResponse，应用程序需要检测上一包内容是否为最大包长度的整数倍，如果为整数倍，则还需要发送一个 0 包长的数据包，表示当前数据已经全部发送完毕。

对于 RecvResponse，应用程序则调用 USB_DeviceCdcAcmRecv 来接收 USB 端点缓冲区中的数据。

在主程序中，程序会监测是否收到 USB 数据包，如果收到数据包，则调用 USB_DeviceCdcAcmSend 把发送到的数据再发送回去。这个 demo 本身实现的功能并不很复杂，在 SDK 写的却挺长的，主要有两方面原因：一方面，SDK 需要兼顾所有系列的 MCU，每个 MCU 底层又不尽相同，而且还要支持 BM 和带操作系统两种版本，所以使用了很多宏定义，增加了阅读的难度；另一方面，USB_CDC 传输速度高，所以在程序架构上使用了前后台回调这种异步模式，这也是使用 USB 协议栈必须要做的，在一定程度上也增加了阅读代码的难度。不过读者只要抓住几个最核心的内容，如 CDC 应用层回调入口 USB_DeviceCdcVcomCallback，以及前面讲过的有关 USB CDC 本身的协议知识，剩下的具体细节需要根据 SDK 代码一点一点查阅 USB 官方资料来搞清楚。

关于 Windows 驱动程序还需要特别提示一下，在 inf 文件中，包含设备的 VID 和 PID，Windows 会通过 VID 和 PID 识别对应的设备，如果用户需要更改设备 VID 和 PID，需要将对应的 inf 文件也做相应的修改。

第 7 章

USB Audio 类应用开发

USB 音频类（Audio Class）用于所有处理音频的 USB 设备（Device）或嵌入复合设备中的音频功能（Audio Function），常见的应用包括 USB 音响、USB 麦克风、USB 耳机等。本章首先对 USB 音频类进行介绍，包括系统结构、功能拓扑、协议、描述符、请求等，然后结合 NXP MCUXpresso SDK 中 USB 协议栈的具体实现进行分析，以加深读者对音频类的理解。

7.1 简介

USB 音频功能可看作一个封闭系统，对外开放预先定义的接口。每个音频功能必须包含 1 个音频控制（AC）接口、零或多个音频流（AS）接口及零或多个 MIDI 流（MS）接口。音频控制接口用于访问音频功能中的所有音频控制（Audio Controls），音频流接口用于将音频数据流传入或传出音频功能，MIDI 流接口用于将 MIDI 数据流传入或传出音频功能。属于同一音频功能的音频控制接口、音频流接口及 MIDI 流接口的集合称为音频接口集（AIC）。

音频接口集通过标准的 USB 音频接口关联（AIA）机制描述，USB 音频功能可以有多个音频接口关联，但同一时刻只能有其中的一个接口关联起作用，所以音频功能位于 USB 设备类结构体系的接口层。图 7-1 所示为音频功能及其接口相关的概念。

在有些情况下，音频数据流不通过 USB 音频流接口传入或传出音频功能（图 7-1 中的 S/PDIF 连接），此时，音频流接口只用来实现控制功能，通过 USB 对其进行访问。

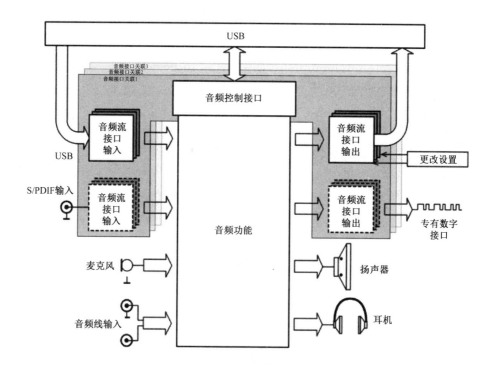

图 7-1　音频功能全局视图

需要注意的是，音频流接口和音频功能的连接不是"一体的"。实际的音频流在音频功能内进行抽象化处理，提供的是逻辑视图而不是物理视图，这种抽象可将音频功能内部的声道看作逻辑声道，从而可不用关心声道的物理特性（如模数特性、格式、采样率、分辨率等）。

7.1.1　音频接口集与音频接口关联

每个音频功能包含 1 个音频控制接口、零或多个音频流接口及零或多个 MIDI 流接口，这些接口组成一个音频接口集，并通过音频接口关联机制管理音频接口集，音频接口关联将音频接口集中的所有接口组合在一起，便于统一管理和访问。每个接口关联描述符（IAD）中都有 1 个功能类、1 个功能子类及 1 个功能协议，这些字段用来确定接口关联的功能。

1. 音频功能类

音频功能类位于标准接口关联描述符的 bFunctionClass 字段，USB 音频规范规定音频功能类代码与音频接口类代码相同，为常量值 AUDIO（0x01）。

2. 音频功能子类

音频功能类可分成多个功能子类。音频功能子类位于标准接口关联描述符的 bFunctionSubClass 字段。USB 音频规范 2.0 中没有使用音频功能子类，所以在描述符中子类设置的值必须为 FUNCTION_SUBCLASS_UNDEFINED（0x00）。

3. 音频功能协议

音频功能协议用来反映当前音频规范的版本，从而使主机在枚举过程中安装正确的驱动程序，其位于标准接口关联描述符 bFunctionProtocol 字段。USB 音频规范 2.0 定义了如表 7-1 所示音频功能协议代码。

表 7-1　音频功能协议代码

音频功能协议代码	值
FUNCTION_PROTOCOL_UNDEFINED	0x00
AF_VERSION_02_00	IP_VERSION_02_00 (0x20)

7.1.2　音频接口类、子类及协议

1. 音频接口类

音频接口类归纳了所有能与 USB 音频数据流进行交互的功能。音频接口类位于音频接口关联中所有接口的标准接口描述符的 bInterfaceClass 字段，代码值为常量 AUDIO（0x01）。

2. 音频接口子类

音频接口子类位于音频接口关联中所有接口的标准接口描述符的 bInterfaceSubClass 字段，如前文所述，音频接口子类按传递的数据用途分为音频控制接口子类、音频流接口子类及 MIDI 流接口子类。

音频接口子类代码如表 7-2 所示。

表 7-2　音频接口子类代码

音频接口子类代码	值
INTERFACE_SUBCLASS_UNDEFINED	0x00
AUDIOCONTROL	0x01
AUDIOSTREAMING	0x02
MIDISTREAMING	0x03

3. 音频接口协议

音频接口协议用来反映当前音频规范的版本，位于接口子类中所有接口的标准接口描述符的 bInterfaceProtocol 字段。USB 音频规范 2.0 定义了如表 7-3 所示音频接口协议代码。

表 7-3　音频接口协议代码

音频接口协议代码	值
INTERFACE_PROTOCOL_UNDEFINED	0x00
IP_VERSION_02_00	0x20

7.1.3　音频功能类别

音频功能类别用于指定音频功能，USB 音频规范 2.0 定义了包括桌面音响、家庭影院、麦克风、耳机、电话机、转换器等在内的 12 种常见类别及其他类别。类别代码位于类特有的音频控制接口描述符。

7.1.4　音频同步类型

音频流接口使用的每个同步/等时（Isochronous）音频端点都属于 USB 规范定义的某个同步（Synchronization）类型，下面简要介绍可能的同步类型。

1. 异步

异步类型的同步/等时端点产生或使用数据的速率基于某个 USB 外部的

时钟，或某个自由运行的内部时钟。这些端点不能同步到帧起始（SOF）事件或 USB 相关的其他时钟。

2. 同步

同步类型的同步/等时音频端点的时钟系统可通过 SOF 来同步，采样率必须锁定 1ms 的 SOF 节拍。高速（HS）端点可选择锁定到 125μs 的 SOF 节拍，以此来提高精度。

3. 自适应

自适应类型的同步/等时音频端点可在其工作范围内的任何速率下产生或使用数据，这表明这种端点必须运行一个内部程序，使其自然的数据速率匹配到与之相连的接口速率。

■■7.1.5 声道间同步

在处理音频尤其立体声音频时，一个重要的问题是不同物理声道之间的相位关系。实际上，音频源的虚拟空间位置与再现此音频源的不同物理声道之间的相位差直接相关，并受其影响。因此，USB 音频功能必须遵循所有声道之间的相位关系。无论如何，USB 主机软件、硬件和所有音频外设或功能之间都要共同维持声道之间的相位关系。

为了给主机提供一个可控的相位模型，音频功能需要汇报每个音频流接口的内部延迟，该延迟用帧数表示，这是由于音频功能必须缓冲至少 1 帧以上的采样点，以便有效地消除帧内的包抖动。此外，一些音频功能会引入额外的延迟，因为解析和处理（如压缩和解压缩）音频数据流需要时间，音频功能必须仅引入整数帧的延迟。对于音频源功能，这意味着音频功能必须保证在第 n 个 SOF 后获得的第一个采样是其通过 USB 在第 $n+\delta$ 帧上所发送包的第一个采样，其中 δ 为此音频功能的内部延迟。同样的原则适也用于音频接收功能，通过 USB 的第 n 帧数据包收到的第一个采样点，必须在 $n+\delta$ 帧期间完全重现。

遵循这些原则，相位抖动可被限制在 1 个音频采样之内。主机软件应当考虑所有音频功能的内部延迟，在正确的时刻调度正确的数据包来同步不同的音频流。

■ 7.1.6　音频功能拓扑

为了能处理一个音频功能的物理属性，必须将其功能性分解为可寻址的实体（Entity）。音频规范定义了两种通用的实体，分别叫作单元（Unit）和终端(Terminal)。此外，还定义了一种特殊的实体——时钟实体(Clock Entity)，用来操作音频功能内部的时钟信号。

单元提供了完整地描述大多数音频功能的基本构建模块，音频功能正是通过连接多个单元构建的。每个单元有 1 个或多个输入节点和 1 个输出节点，每个节点代表音频功能内的一组逻辑声道簇。单元按照所需的拓扑结构，通过连接对应的输入输出节点组合在一起。单元的输入节点可有多个，编号范围为 1 至输入节点的个数；输出节点只能有一个，编号为 1。

终端分为输入终端（IT）和输出终端（OT）两种。IT 代表音频功能内部声道的起点；OT 代表声道的终点。从音频功能的角度来看，USB 端点（Endpoint)就是典型的输入终端或输出终端，它要么为音频功能提供数据(作为 IT），要么接收来自音频功能的数据（作为 OT）。类似地，音频功能内部的一个数模转换器（DAC），代表音频功能模型的一个输出终端。输入终端只有 1 个输出节点，编号为 1；输出终端只有 1 个输入节点，编号也为 1。

通过输入输出节点传递的数据不限于数字信号，也可以是模拟信号，甚至是混合信号。对于相互连接的输入节点、输出节点，只要保证两端的协议和格式相互兼容就可以。

音频功能的每个单元都是由其对应的单元描述符（UD）来描述的，单元描述符包含用于识别和描述此单元的所有需要的字段。同样，每个终端都有对应的终端描述符（TD）。此外，这些描述符还提供了有关音频功能拓扑连接的所有必要信息，它们详细描述了终端和单元是如何相互连接的。

USB 音频规范 2.0 定义了如下 9 种不同类型的单元和终端：

- 输入终端（IT）。
- 输出终端（OT）。
- 混音单元（MU）。

- 选择单元（SU）。

- 特征单元（FU）。

- 采样率转换单元（SRCU）。

- 效果单元（EU）。

- 处理单元（PU）。

- 扩展单元（XU）。

除了单元和终端外，还定义了如下三种时钟实体：

- 时钟源（CS）。

- 时钟选择器（CX）。

- 时钟倍频器（CM）。

时钟源用来为系统提供采样时钟，它可以是内部的采样频率发生器，也可以是来自外部的采样时钟信号，时钟源有一个时钟输出节点，编号为 1。时钟选择器用于在多个时钟信号中选择 1 个作为输出，其有多个时钟输入节点，编号范围为 1 至时钟输入节点的个数；只有 1 个时钟输出节点，编号为 1。时钟倍频器用来基于其输入节点的时钟产生新的时钟频率，新的时钟信号与输入时钟信号同步，它包括倍频系数 P 和分频系数 Q，对于某个时钟倍频器，P 和 Q 的值是固定的；时钟倍频器有 1 个时钟输入节点和 1 个输出节点，编号均为 1。通过使用时钟源、时钟选择器及时钟倍频器的组合，可表示任何复杂的时钟系统，并开放给主机软件。

时钟输入、输出节点与单元和终端的输入、输出节点有本质的区别，时钟节点传递的是时钟信号，所以不能连接到单元和终端的信号节点。每个输入终端或输出终端有唯一的时钟输入节点，连接到某个时钟实体的输出节点，此节点的时钟频率决定终端代表硬件的采样频率。

图 7-2 阐明了以上概念，通过图标符号展现了一个音频功能。该音频功能共有 15 个实体，包括 3 个输入终端、5 个单元、3 个输出终端、2 个时钟源、1 个时钟选择器及 1 个时钟倍频器。

每个实体都有其描述符，描述符全面描述了实体的功能；所有实体描述符构成的总体为主机提供了音频功能的全面描述。每个实体有唯一的 ID（图7-2 中的 1～15），用于描述某个实体是如何连接到音频功能整体拓扑中的。

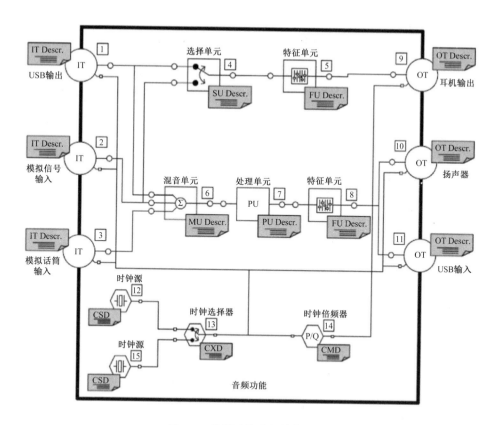

图 7-2　音频功能内部结构示例

在某个实体内部，功能性可进一步通过音频控制（Audio Control）来描述，某个控制提供了对某个特定音频属性或时钟属性的访问方法。每个控制有一组属性，属性可以被修改，或用于表现控制的行为信息。控制可以有如下属性：

● 当前设置值属性。

● 范围值属性，可进一步分为最大设置属性、最小设置属性及分辨率属性。

以特征单元的音量控制为例，主机软件通过发起相应的"获取"请求，获取音量控制的各个属性值，以便在屏幕上显示；主机软件通过设置音量控制的当前属性，来调节音量。

此外，音频功能的每个实体还包括存储空间属性，该属性提供访问实体内部存储空间的通用方法。

下面首先介绍声道簇的概念，然后介绍音频功能的各实体。

1. 声道簇（Audio Channel Cluster）

用于传递紧密相关的同步音频信息的所有声道的组合称作声道簇，声道簇中各声道的音频信息有相同的物理属性，如采样率、位分辨率等。在音频功能内部，对终端和单元之间传递的音频数据进行了抽象，声道簇中的每个声道作为逻辑声道，不考虑信号的物理属性。音频功能中，一个实体的输入节点和另一个实体输出节点的可连接性，保证了其中传递的数据与这两个实体都是兼容的。

声道簇中的声道编号范围为 1 至声道个数，最大为 255。虚拟声道 0 用于访问某个单元的主控制（master Control），从而可同时作用于所有声道，主控制的实现必须独立于声道控制。

在很多情况下，声道簇中的每个声道是与听音空间中的某个位置关联的，如左声道和右声道。为了能够通过可控的方式描述更加复杂的情况，USB 音频规范对声道簇中的声道顺序进行了限制，只能按照音频规范规定的顺序排列。为了支持信息不能用一簇逻辑声道表示的情况，USB 音频规范定义了一个特殊的虚拟空间位置，称作原始数据（Raw Data），这一虚拟空间位置与其他空间位置是互不相容的，不能存在于同一声道簇，它只能用于对音频内容不做处理的实体/终端中，即只能为输入终端或输出终端。

声道簇分为如下两种。

● 逻辑声道簇：用来描述音频功能内部的声道。

● 物理声道簇：用来描述实际的物理声道。

音频流接口和与其对应的音频功能中的终端，存在一一对应的关系。然而，音频流接口可以有多个备用设置（Alternate Settings），各备用设置有不同的物理声道簇，所以，需要将每个这样的物理声道簇映射到唯一的逻辑声道簇，逻辑声道簇通过对应的终端开放出来。因此，逻辑声道簇在本质上是动态的，当音频流接口的某个备用设置被选中时，逻辑声道簇可能需要改变。当前的逻辑声道簇可通过获取簇控制（Get Cluster Control）请求来获取。另外，主机软件可记录当前的备用设置是哪一个，以及在此备用设置中获取物理声道簇的信息，并用来定义逻辑声道簇。

2. 输入终端（IT）

一方面，输入终端是音频功能外部的模块连接到内部单元的接口，作为音频信息进入音频功能的入口；另一方面，当数据从原始音频流中正确解析到各逻辑声道中后，输入终端作为音频功能中其他单元的数据源。逻辑声道组成声道簇通过单一的输出节点离开输入终端。

输入终端不仅可代表输入音频功能的 USB 输出端点（OUT endpoint），还可代表其他非 USB 输入，如音频设备上的音频线输入。当音频流通过 USB 输出端点进入音频功能时，包含此端点的音频流接口与对应的输入终端存在一一对应的关系，音频类描述符中包含了记录这一输入终端的字段。主机需要音频流接口描述符、端点描述符和输入终端的描述符，来全面了解这一输入终端的特性。

输入端的信息可能经过编码，所以从音频流到逻辑声道，通常要引入解码引擎。解码类型可以很简单，如将立体声 16 位 PCM 数据转换为左右逻辑声道；也可以很复杂，如对 MPEG 7.1 音频流的解码。解码引擎通常作为接收编码音频流的实体的一部分（如 USB 音频流接口），所以解码类型信息位于音频流接口描述符的 bmFormats 字段，与解码引擎相关的请求必须指向音频流接口。解码完成后，对应的输入终端开始处理逻辑声道。

输入终端有单一的时钟输入节点，此节点的时钟信号作为输入终端代表的所有硬件的采样时钟。输入终端描述符中有一个唯一确定输入终端连接到哪个时钟实体的字段。

3. 输出终端（OT）

一方面，输出终端是音频功能内部单元连接到外部模块的接口，作为音频信息流出音频功能的出口；另一方面，它是作为分立的逻辑声道中数据的终点，然后数据经过打包（编码）输出到音频流。声道簇通过单一的输入节点进入输出终端。

输出终端不仅可代表音频功能输出的 USB 输入端点（IN Endpoint），还可代表其他非 USB 连接，如音频设备内置的扬声器或音频线输出。当音频流通过 USB 输入端点离开音频功能时，包含此端点的音频流接口与对应的输出终端存在一一对应的关系，音频类描述符中有记录这一输出终端的字段。主机需要音频流接口描述符、端点描述符和输出终端的描述符来全面了解这一输出终端的特性。

从逻辑声道到可能需要编码的音频流的转换过程，通常要引入编码引擎，编码可能很简单，也可能很复杂。编码引擎通常作为发送编码音频流的实体的一部分（如 USB 音频流接口），所以编码类型信息位于音频流接口描述符的 bmFormats 字段，与编码引擎相关的请求必须指向音频流接口。在编码之前，对应的输出终端会处理逻辑声道。

输出终端有单一的时钟输入节点，此节点的时钟信号用来作为输出终端代表的所有硬件的采样时钟。输出终端描述符中有一个唯一确定输出终端连接到了哪个时钟实体的字段。

4. 混音单元（MU）

混音单元将多个逻辑输入声道转化为多个逻辑输出声道。输入声道组合成 1 个或多个声道簇，每个簇通过 1 个输入节点进入混音单元。逻辑输出声道组合成 1 个声道簇，通过单一的输出节点离开混音单元。

每个输入声道都可混合到所有的输出声道。假如有 n 个输入声道和 m 个输出声道，混音单元中会包含一个 $n \times m$ 大小的二维混音控制。其中有些控制可以是固定的，不能被修改；混音单元描述符中的 bmControls 字段用来描述哪些控制是可以修改的，混音单元必须响应对应的获取请求，使主机能够获取每个（$n \times m$）控制的实际设置。

5. 选择单元（SU）

选择单元用于在 n 个声道簇中不加改变地选择其中某个作为输出声道簇，若每个输入声道簇都包含 m 个逻辑声道，则输出声道簇也包含 m 个声道。选择单元有 n 个输入节点、1 个输出节点。

6. 特征单元（FU）

特征单元本质上是多声道处理单元，对逻辑输入声道的音频控制（Audio Control）提供基本的操作。对于每个逻辑声道，特征单元可为以下特征提供音频控制：静音、音量、声调控制（低音、中音和高音）、图形均衡、自动增益控制、延迟、低音增强、响度、输入增益、输入增益衰减及反相。

特征单元可利用主控制同时调节声道簇中所有声道的音频控制，这在多声道系统中特别有用，声道控制用于声道平衡，而主控制用于整体设置。

特征单元描述符描述了每个声道及主声道有哪些控制。特征单元中的所有逻辑声道都是完全独立的，声道之间不存在交叉耦合。逻辑输出声道的个数与输入声道个数相同，逻辑声道组合成声道簇，通过唯一的输入节点进入特征单元；处理完成后，再通过唯一的输出节点离开特征单元。

7. 采样率转换单元（SRCU）

采样率转换单元作为一种可选的方法，用来指明音频功能内部采样率转换是在什么地方完成的。然而，在很多情况下没有必要指明这一点，因此采样率转换单元在拓扑结构中是可以省略掉的，但不会影响向主机提供的信息。包含采样率转换单元的主要原因是精确地报告采样率转换过程中产生的任何延迟。

采样率转换单元提供音频功能内部不同时钟域之间的桥接功能，它不提供任何音频控制。采样率转换单元以单个输入音频簇中的所有逻辑声道的音频信息作为输入，这一音频簇属于某个时钟域；然后，再将这些音频信息转换为输出簇中对应的逻辑声道，但是属于另一时钟域。

逻辑输出声道的个数与输入声道个数相同，逻辑声道组合成声道簇，通过唯一的输入节点进入采样率转换单元；处理完成后，通过唯一的输出节点离开采样率转换单元。

采样率转换单元有两个时钟输入节点，其中一个与音频输入节点关联，另一个与音频输出节点关联。这两个时钟输入节点确定了采样率转换单元两个时钟域，允许两个时钟输入节点属于同一时钟域。

8. 效果单元（EU）

效果单元是一个多声道处理单元，提供对输入逻辑声道中多参数音频控制的高级操作，这些操作基于每个声道。对每个逻辑声道，效果单元提供了如下音频控制：

- 参数均衡器。用于在某个中心频率附近，操作和均衡原始音频信息的频率特性。
- 回响。用于为原始音频信息添加室内声学效果。
- 调制延迟。用于为原始音频信息添加调制（如合唱）效果。
- 动态范围压缩。用于智能地限制原始音频信息的动态范围。

类似地，可利用主控制同时对簇中所有声道进行调节。在多声道系统中，声道控制用于声道平衡，而主控制用于整体设置。

效果单元描述符描述了每个声道及主声道包含哪些控制。效果单元中的所有逻辑声道都是完全独立的，声道之间不存在交叉耦合。逻辑输出声道的个数与输入声道个数相同，逻辑声道组合为声道簇，通过唯一的输入节点进入效果单元；处理完成后，再通过唯一的输出节点离开效果单元。

9. 处理单元（PU）

处理单元代表了音频功能内部的功能块，用于将 1 个或多个声道簇中的多个逻辑输入声道变换为多个逻辑输出声道，并组合为声道簇。因此，处理单元可以有多个输入节点和唯一的输出节点。USB 规范定义了如下几种标准变换（算法）来支持额外的音频功能特性：

- 上/下混合。提供了由 n 个输入声道产生 m 个输出声道的机制。
- 杜比定向逻辑。可看作为作用于左右逻辑声道的算子，它能够从左右声道的叠加信息中提取额外的音频数据（如中间、环绕声道）。
- 立体声扩展。只作用于左右声道，它通过处理已有的立体声道（两声道）来扩展音域，使其像是源自于前左、前右的扬声器位置。

10. 扩展单元（XU）

扩展单元提供将生产商特定的模块容易地加入到音频规范的方法。扩展单元可以有多个输入节点和唯一的输出节点。扩展单元应该至少支持使能控制，允许主机软件忽略扩展单元提供的任何功能。虽然通用的音频驱动不能识别扩展单元提供的功能，更不用说操作，但它仍能够识别生产商特定扩展的存在，并认为这些单元支持默认的行为。

11. 时钟实体

时钟实体特殊的一点是不直接操作逻辑音频流，而是仅为音频功能内不同的输入、输出终端提供采样时钟。如前文所述，时钟实体包括时钟源（CS）、时钟选择器（CX）及时钟倍频器（CM）。

7.1.7　编码与解码

当音频数据流进入或离开音频功能时，可能会有解码或编码过程，这一过程可能很简单，也可能很复杂。在有些情况下，主机软件需要与编解码过程之间进行交互。USB 音频规范 2.0 定义了 MPEG, AC-3, WMA, DTS, OTHER 等 5 种编解码器。

每种过程都定义了自己特定的控制，允许操作或监视编解码过程的内部状态，这些控制是通过编解码器所属的音频流接口访问的。

7.1.8　复制保护

音频设备类主要处理的是数字音频流，对这些通常拥有版权的数据流的保护是不能忽视的。所以 USB 音频规范提供了保护版权信息的方法，主机软件负责管理整个音频功能的复制保护信息。复制保护问题在数字音频流进入或离开音频功能时起作用，所以复制保护功能位于音频功能的终端层。USB 音频规范 2.0 提供了 Level 0 ～ Level 2 三种不同级别的复制许可。

7.1.9　操作模型

一个 USB 设备可以支持多个配置（Configuraitons），每个配置中可以有多个接口（Interfaces），每个接口可能有多个备用设置（Alternate Settings）。同一设备可以有多个功能（Functions），属于同一音频功能的所有接口组成音频接口集（AIC）。如果某个设备包含多个独立的音频功能，相应地必须有多个音频接口集，每个音频接口集提供对相应音频功能的全面访问。音频接口集包含唯一的音频控制接口及可选的音频流接口；这些接口和对应的端点一起被用作音频功能控制和音频数据流传输。

1. 音频控制接口

音频控制接口用来访问音频功能内部的时钟实体、单元和终端，从而使主机可以控制音频功能的行为。音频控制接口可以包含如下两种端点：

- 控制端点。用于操作时钟实体、单元和终端的设置，以及读取音频功能的状态。这个端点是必需的，并且用默认的端点 0 实现。
- 中断端点。用于当音频功能的行为发生任何变化时，及时通知主机软件。它是可选的且非常有用的端点，因此，建议所有的音频系统都要实现这一端点。

音频控制接口是访问音频功能内部实体的唯一入口点，所有操作音频功能内部实体控制的请求必须指向音频控制接口；类似地，所有与音频功能内部实体相关的描述符都是类特有音频控制接口描述符的一部分。音频控制接口只能支持一个备用设置（备用设置 0）。

2. 音频流接口

音频流接口用于在主机和音频功能之间交换数字音频数据流。音频流接口是可选的，音频功能可以有零个或多个音频流接口。每个音频流接口至多有一个同步数据端点，这样可保证音频流接口和音频数据流一一对应。

音频流接口可有多个备用设置，用于改变接口和端点的某些特性，如改变子帧大小或声道个数。

音频流接口可用来使主机软件访问它所代表的物理接口，因此主机可控制此物理接口的行为。音频流接口可以代表其他外部信号与音频功能的连接，主机软件可以控制这些连接的某些特性，这种类型的音频流接口没有与之关联的 USB 端点。

同步音频数据端点处理的数据流与音频功能内部的逻辑声道不一定是直接对应的，包含这一端点的音频流接口负责中间的转换过程。

对于自适应的音频源端点和异步的音频终点端点，还会有一个与同步数据端点关联的反馈端点，用于在传输过程中实现同步。

USB 传递的音频数据格式完全由取决于编码类型，位于类特有描述符的 bFormatType 与 bmFormats 字段中。对于某个给定的格式类型，还需要一个格式类型描述符全面描述这一格式。

3. 物理按钮与音频控制的绑定

包含音频功能的多数设备通常有 1 个或多个前面板按钮，用于控制设备内部音频功能的某些特性，如多媒体音响的音量调节旋钮。由于某个音频功能也可以包含同一类型的很多音频控制，因此需要将某个物理控制（按钮、旋钮、滑块等）与音频功能内部某个特定的音频控制进行绑定。USB 音频规范提供了两种方法实现这种绑定：

- 物理按钮由 HID 控制。物理按钮在设备的 HID 接口中实现，完全独立于音频功能。按钮的调整通过 HID 报告通知主机软件，然后主机软件解析按钮状态的变化，并对音频功能做出相应的配置。这种绑定是完全在应用程序或操作系统软件中实现的。这种方式虽然提供了扩展灵活性，但加重了软件的负担；同时，也很难实现通用的应用程序或操作系统软件，来做到正确的绑定。
- 物理按钮作为音频控制的一部分。物理按钮直接与实际的音频功能交互，按钮状态的变化不会报告给主机软件。由按钮操作引起的音频控制的变化，会通过音频控制的中断机制报告给主机软件，所以这种绑定方式非常直接，并完全取决于设备的设计。这种方法虽然缺少灵活性，但是提供了非常清晰和直接的方式。

7.2　描述符、请求与中断

本节首先介绍音频接口类的描述符（Descriptors），然后介绍音频类请求（Requests），最后简要介绍音频类的中断。

■7.2.1　描述符

1. 标准描述符

与其他 USB 设备类一样，音频类设备使用的标准描述符由 USB 规范定义。由于音频功能位于 USB 协议栈的接口层，因此标准描述符中的相关字段应该指明这一点，即类相关的信息位于接口层，以便枚举软件可向下查找接口层，确定接口类，并确保接口关联描述符枚举软件被加载。

（1）设备描述符。对于音频类设备，设备描述符中的 bDeviceClass，bDeviceSubClass 和 bDeviceProtocol 字段需要分别赋值为 0xEF, 0x02 和 0x01。

（2）设备限定描述符。与设备描述符类似，设备限定描述符中的 bDeviceClass, bDeviceSubClass 和 bDeviceProtocol 字段需要分别赋值为 0xEF, 0x02 和 0x01。

（3）配置描述符。音频类设备的配置描述符没有特殊定义，所有字段及其取值要遵循 USB 规范的定义。

（4）其他速度配置描述符。音频类设备的"其他速度配置描述符"没有特殊定义，所有字段及其取值要遵循 USB 规范的定义。

2. 声道簇描述符

声道簇描述符用于描述声道相关的信息，包括声道个数、各声道对应的空间位置等，其结构如表 7-4 所示。

表 7-4 声道簇描述符

偏 移	字 段	大 小	数值类型	描 述
0	bNrChannels	1	数值	簇中的逻辑声道个数
1	bmChannelConfig	4	位映射	各逻辑声道的空间位置
5	iChannelNames	1	序号	字符串描述符序号，用于描述第一个逻辑声道

bmChannelConfig 用于指明簇中的声道占用的空间位置，4 字节共能支持 32 个空间位置。USB 音频规范中定义了如下空间位置：D0 - 前左（FL），D1 - 前右（FR），D2 - 前中（FC），D3 - 低频效果（LFE），D4 - 后左（BL），D5 - 后右（BR），D6 - 前中左（FLC），D7 - 前中右（FRC），D8 - 后中（BC），D9 - 侧左（SL），D10 - 侧右（SR），D11 - 上中（TC），D12 - 上前左（TFL），D13 - 上前中（TFC），D14 - 上前右（TFR），D15 - 上后左（TBL），D16 - 上后中（TBC），D17 - 上后右（TBR），D18 - 上中前左（TFLC），D19 - 上中前右（TFRC），D20 - 左低音效果（LLFE），D21 - 右低音效果（RLFE），D22 - 上侧左（TSL），D23 - 上侧右（TSR），D24 - 下中（BC），D25 - 后中左（BLC），D26 - 后中右（BRC），D27..D30 - 保留，D31 - 原始数据（RD）。

如果 bmChannelConfig 中某个位的取值为 1，说明簇中有一个声道和这个位对应的空间位置相关联。

iChannelNames 指向字符串描述符，这个字符串描述符及接下来连续的若干字符串描述符描述簇中声道的空间位置，字符串描述符的个数取决于 bmChannelConfig 的值。

有两种类型的声道簇描述符——逻辑声道簇描述符和物理声道簇描述符，其结构布局相同，并且都不是独立存在的描述符，而是嵌入其他描述符中的。逻辑声道簇描述符嵌入以下描述符之一：输入终端描述符、混音单元描述符、处理单元描述符、扩展单元描述符。物理声道簇描述符总是嵌入类特有的音频流（AS）接口描述符中。

3. 接口关联描述符

接口关联描述符（IAD）用于描述音频接口集。音频控制接口在接口集中必须排在首位（接口编号最小），接下来是音频流接口，最后是 MIDI 流接口。标准 IAD 的结构如表 7-5 所示。

表 7-5　标准 IAD 的结构

偏　移	字　段	大　小	数值类型	描　述
0	bLength	1	数值	此描述符大小，以字节为单位，值为 8
1	bDescriptorType	1	常量	INTERFACE ASSOCIATION，描述符类型
2	bFirstInterface	1	数值	与此音频功能关联的第一个接口编号
3	bInterfaceCount	1	数值	与此音频功能关联的连续接口的个数
4	bFunctionClass	1	类	AUDIO_FUNCTION (0x01)，功能类代码
5	bFunctionSubClass	1	子类	FUNCTION_SUBCLASS_UNDEFINED (0x00)，功能子类代码
6	bFunctionProtocol	1	协议	AF_VERSION_02_00 (0x20)，功能协议代码
7	iFunction	1	序号	描述此接口的字符串描述符的序号

4. 音频控制（AC）接口描述符

1）标准 AC 接口描述符

标准 AC 接口描述符与 USB 规范定义的标准接口描述符结构相同。针对音频接口，USB 音频规范对有些字段的取值做了定义，如表 7-6 所示。

表 7-6 标准 AC 接口描述符

偏 移	字 段	大 小	数值类型	描 述
0	bLength	1	数值	此描述符大小，以字节为单位，值为 9
1	bDescriptorType	1	常量	INTERFACE，描述符类型
2	bInterfaceNumber	1	数值	接口编号，以 0 为基准的数值，指明并存的接口序列中此配置对应的接口序号
3	bAlternateSetting	1	数值	用于为前一字段确定的接口确定一个备选设置，必须为 0
4	bNumEndpoints	1	数值	此接口所使用的端点号（不包括端点 0）。如果使用了可选的中断端点，此字段为 1
5	bInterfaceClass	1	类	AUDIO (0x01)，音频接口类代码
6	bInterfaceSubClass	1	子类	AUDIOCONTROL (0x01)，音频接口子类代码
7	bInterfaceProtocol	1	协议	IP_VERSION_02_00 (0x20)，音频协议代码
8	iInterface	1	序号	描述此接口的字符串描述符的序号

2）类特有 AC 接口描述符

类特有 AC 接口描述符是由音频功能的所有描述符级联组合而成的，包括所有的时钟描述符（CDs）、单元描述符（UDs）及终端描述符（TDs）。因此，描述符的总长度与音频功能中时钟实体、单元和终端的个数有关。

类特有 AC 接口描述符以一个头描述符开始，用于描述接口描述符的总长度、音频设备类规范版本、功能类型等，如表 7-7 所示。

表 7-7 类特有 AC 接口头描述符

偏 移	字 段	大 小	数值类型	描 述
0	bLength	1	数值	此描述符大小，以字节为单位，值为 9
1	bDescriptorType	1	常量	CS_INTERFACE (0x24)，描述符类型
2	bDescriptorSubtype	1	常量	HEADER (0x01)，描述符子类型
3	bcdADC	2	BCD	音频设备类规范版本号，以二进制编码表示的十进制数（BCD）
5	bCategory	1	常量	指明音频功能的主要用途，USB 音频规范 2.0 定义了多种常见类别

续表

偏　移	字　段	大　小	数值类型	描　述
6	wTotalLength	2	数值	类特有 AC 接口头描述符的总长度，以字节为单位。这个描述符的长度包括描述符头的长度，以及时钟源、各个单元、终端描述符的长度
8	bmControls	1	位映射	D1..0：延迟控制 D7..2：保留，必须设置为 0

头描述符后面是时钟实体描述符、单元描述符及终端描述符，这些描述符的顺序无关紧要，每个描述符的布局与它们所代表的时钟实体、单元或终端的具体类型有关。共有 3 种时钟实体描述符、7 种单元描述符及 2 种终端描述符。

- 时钟实体描述符。
  - 时钟源描述符（CSD）。
  - 时钟选择器描述符（CXD）。
  - 时钟倍频器描述符（CMD）。
- 单元描述符。
  - 混音单元描述符（MUD）。
  - 选择单元描述符（SUD）。
  - 特征单元描述符（FUD）。
  - 采样率转换单元描述符（SRCUD）。
  - 效果单元描述符（EUD）。
    - 参数均衡器效果单元描述符。
    - 回响效果单元描述符。
    - 调制延迟效果单元描述符。
    - 动态范围压缩效果单元描述符。
  - 处理单元描述符（PUD）。
    - 上/下混合处理单元描述符。
    - 杜比定向逻辑处理单元描述符。
    - 立体声扩展处理单元描述符。
  - 扩展单元描述符（XUD）。

● 终端描述符。

　　○ 输入终端描述符（ITD）。

　　○ 输出终端描述符（OTD）。

这些描述符的结构有部分类似，主要体现在前 4 个字段，分别描述了描述符长度、描述符类型、描述符子类型及所代表实体的 ID。

音频功能中每个时钟实体、单元和终端都会被分配一个独有的识别数字，称作时钟实体 ID（CID）、单元 ID（UID），或终端 ID（TID），位于相应描述符的 bClockID，bUnitID，bTerminalID 字段，ID 的取值范围为 1~255，也就是说至多支持 255 个实体。

音频功能中的 ID 除了用于唯一地确定实体外，还用于描述音频功能的拓扑结构。部分单元/终端描述符中含有 bSourceID 字段，用于指明此单元/终端连接到其他哪个单元/终端；类似地，部分单元/终端描述符中的 bCSourceID 指明了此单元/终端连接到了哪个时钟实体。

由于篇幅有限，接下来只介绍最常用的部分描述符，有关其他描述符，请参阅 USB 音频规范。

（1）输入终端描述符如表 7-8 所示。

表 7-8　输入终端描述符

偏　移	字　段	大　小	数值类型	描　述
0	bLength	1	数值	此描述符大小，以字节为单位，值为 17
1	bDescriptorType	1	常量	CS_INTERFACE (0x24)，描述符类型
2	bDescriptorSubtype	1	常量	INPUT_TERMINAL (0x02)，描述符子类型
3	bTerminalID	1	常量	音频功能中唯一确定此终端的常量 ID；所有相关请求会通过这个值来访问此终端
4	wTerminalType	2	常量	描述终端类型的常量 0x0100：未定义的 USB 类型终端 0x0100：USB 流 0x0100：生产商定义的 USB 类型 0x0200：未定义的输入终端 0x0201：通用麦克风 0x0202：桌面麦克风 0x0203：个人头戴式或夹式麦克风

续表

偏　移	字　段	大　小	数值类型	描述
4	wTerminalType	2	常量	0x0204：全向麦克风 0x0205：麦克风阵列
6	bAssocTerminal	1	常量	与此输入终端相关联的输出终端的 ID
7	bCSourceID	1	常量	与此输入终端相连接的时钟实体的 ID
8	bNrChannels	1	数值	此终端的输出声道簇中逻辑输出声道的个数
9	bmChannelConfig	4	位映射	用于描述逻辑声道的空间位置
13	iChannelNames	1	序号	字符串描述符序号，用于描述第一个逻辑声道的类别
14	bmControls	2	位映射	D1..0：复制保护控制 D3..2：连接控制 D5..4：过载控制 D7..6：簇控制 D9..8：下溢控制 D11..10：上溢控制 D15..12：保留，必须设置为 0
16	iTerminal	1	序号	描述此输入终端的字符串描述符序号

wTerminalType 字段提供了有关输入终端所代表的物理实体的相关信息，可以是 USB 输出端点、外部音频线输入或麦克风等。

bAssocTerminal 字段描述了与此输入终端相关联的输出终端，用于实现一个终端对；如果不存在关联，必须设置为 0。主机软件可以把相关联的终端看作是物理相关的，如头戴式耳机的麦克风或听筒。

bNrChannels，bmChannelConfig 与 iChannelNames 三个字段构成声道簇描述符，请参考声道簇描述符的定义。

bmControls 字段包含了一组位域，说明终端有哪些控制及其相关定义。如果某个控制存在，则必须能被主机读取；如果某个控制不存在，相应的位域必须设置为 0b00；如果某个控制存在且是只读类型，位域须设置为 0b01；如果某个控制存在且能被主机设置，位域要设置为 0b11；数值 0b10 是不允许的。

（2）输出终端描述符如表 7-9 所示。

表 7-9　输出终端描述符

偏　移	字　段	大　小	数值类型	描　述
0	bLength	1	数值	此描述符大小，以字节为单位，值为 12
1	bDescriptorType	1	常量	CS_INTERFACE (0x24)，描述符类型
2	bDescriptorSubtype	1	常量	OUTPUT_TERMINAL (0x03)，描述符子类型
3	bTerminalID	1	常量	音频功能中唯一确定此终端的常量 ID；所有相关请求会通过这个值访问此终端
4	wTerminalType	2	常量	描述终端类型的常量 0x0100：未定义的 USB 类型终端 0x0100：USB 流 0x0100：生产商定义的 USB 类型 0x0300：未定义的输出终端 0x0301：通用扬声器 0x0302：头戴式耳机 0x0303：VR 头盔听筒 0x0304：桌面扬声器 0x0305：室内扬声器 0x0306：通信扬声器 0x0307：低音效果扬声器
6	bAssocTerminal	1	常量	与此输出终端相关联的输入终端的 ID
7	bSourceID	1	常量	与此输出终端相连接的单元或终端的 ID
8	bCSourceID	1	常量	与此输出终端相连接的时钟实体的 ID
9	bmControls	2	位映射	D1..0：复制保护控制 D3..2：连接控制 D5..4：过载控制 D7..6：下溢控制 D9..8：上溢控制 D15..10：保留，必须设置为 0
11	iTerminal	1	序号	描述此输出终端的字符串描述符序号

　　wTerminalType 字段提供有关输出终端代表的物理实体的相关信息，可以是 USB 输入端点、外部音频线输出或扬声器等。

　　bAssocTerminal 字段用于将一个输入终端关联到此输出终端，用于实现一个终端对；如果不存在关联，必须设置为 0。

　　bSourceID 字段用于描述此终端的拓扑连接，说明与此终端的输入节点相连接的单元或终端的 ID。输出终端描述符中没有描述声道簇的字段，主机软件会通过拓扑连接来确定声道簇描述符的定义。

bmControls 字段的定义与输入终端中类似，不再赘述。

（3）特征单元描述符如表 7-10 所示。

表 7-10　特征单元描述符

偏　移	字　段	大　小	数值类型	描　述
0	bLength	1	数值	此描述符大小，以字节为单位，值为 6+(ch+1)×4
1	bDescriptorType	1	常量	CS_INTERFACE (0x24)，描述符类型
2	bDescriptorSubtype	1	常量	FEATURE_UNIT (0x06)，描述符子类型
3	bUnitID	1	常量	音频功能中唯一确定此单元的常量 ID；所有相关请求会通过这个值访问此单元
4	bSourceID	1	常量	与此单元相连接的单元或终端的 ID
5	bmaControls(0)	4	位映射	主声道 0 的控制位映射： D1..0：静音控制 D3..2：音量控制 D5..4：低音控制 D7..6：中音控制 D9..8：高音控制 D11..10：图形均衡器控制 D13..12：自动增益控制 D15..14：延迟控制 D17..16：低音增强控制 D19..18：响度控制 D21..20：输入增益控制 D23..22：输入增益衰减控制 D25..24：反相控制 D27..26：下溢控制 D29..28：上溢控制 D31..30：保留，必须设置为零
5+1×4	bmaControls(1)	4	位映射	逻辑声道 1 的控制位映射
⋮	⋮	⋮	⋮	⋮
5+ch×4	bmaControls(ch)	4	位映射	逻辑声 ch 的控制位映射
5+(ch+1)×4	iFeature	1	序号	描述此特征单元的字符串描述符序号

bSourceID 字段用于描述此特征单元的拓扑连接，说明与之相连接的单元或终端的 ID。

bmaControls 字段是声道 ch+1 的 4 字节大小位映射；每个元素包含一系列位域，如果某个控制存在，则必须能被主机读取；如果某个控制不存在，相应的位域必须设置为 0b00；如果某个控制存在且是只读类型，必须设置为 0b01；如果某个控制存在且能被主机设置，要设置为 0b11；数值 0b10 是不允许的。

5. 音频控制（AC）端点描述符

（1）标准 AC 控制端点描述符。由于端点 0 用于 AC 控制端点，所以没有定义专用的标准 AC 控制端点描述符。

（2）类特有 AC 控制端点描述符。没有定义专用的类特有 AC 控制端点描述符。

（3）标准 AC 中断端点描述符。标准 AC 中断端点描述符与 USB 规范中定义的标准端点描述符结构相同，其位域用于反映端点的中断类型，这个端点是可选的，表 7-11 概述了标准 AC 中断端点描述符。

表 7-11 标准 AC 中断端点描述符

偏 移	字 段	大 小	数值类型	描 述
0	bLength	1	数值	此描述符大小，以字节为单位，值为 7
1	bDescriptorType	1	常量	Endpoint，描述符类型
2	bEndpointAddress	1	端点	此描述符描述的端点在 USB 设备中的地址，地址编码方式如下： D7：方向位，1 表示输入端点 D6..4：保留，复位值为 0 D3..0：端点号，取决于系统设计人员
3	bmAttributes	1	位映射	D1..0：传输类型，11 代表中断；其他所有位保留
4	wMaxPacketSize	2	数字	当此配置被选中时，此端点能发送或接收的最大包大小，此处用来传递 6 字节的中断信息
6	bInterval	1	数字	查询此端点的间隔时间

（4）类特有 AC 中断端点描述符。没有定义类特有 AC 中断端点描述符。

6. 音频流（AS）接口描述符

AS 接口描述符包含所有描述音频流接口的相关信息，包括标准 AS 接口描述符、类特有 AS 接口描述符、类特有 AS 格式类型描述符、类特有 AS 编码描述符及类特有 AS 解码描述符。由于篇幅所限，这里介绍标准 AS 接口描述符和类特有 AS 接口描述符；有关其他描述符的定义，请参阅 USB 音频规范。

（1）标准 AS 接口描述符。标准 AS 接口描述符与 USB 规范中定义的标准接口描述符结构相同，只是对有些字段的取值做了特殊定义，如表 7-12 所示。

表 7-12　标准 AS 接口描述符

偏 移	字 段	大 小	数值类型	描 述
0	bLength	1	数值	此描述符大小，以字节为单位，值为 9
1	bDescriptorType	1	常量	INTERFACE，描述符类型
2	bInterfaceNumber	1	数值	接口序号，以 0 为基准的数值，指明并存的接口序列中此配置支持的接口序号
3	bAlternateSetting	1	数值	为前一字段确定的接口确定一个备选设置
4	bNumEndpoints	1	数值	此接口所使用的端点个数(不包括端点 0)；必须为 0（没有数据端点），或 1（数据端点）或 2（数据端点及反馈端点）
5	bInterfaceClass	1	类	AUDIO (0x01)，音频接口类代码
6	bInterfaceSubClass	1	子类	AUDIOSTREAMING (0x02)，音频接口子类代码
7	bInterfaceProtocol	1	协议	IP_VERSION_02_00 (0x20)，音频协议代码
8	iInterface	1	序号	描述此接口的字符串描述符的序号

（2）类特有 AS 接口描述符。类特有 AS 接口描述符如表 7-13 所示。

bmControls 字段包含了一组位域，描述有哪些控制及其特性。如果某个控制存在，则必须能被主机读取；如果某个控制不存在，相应的位域必须设置为 0b00；如果某个控制存在且是只读类型，位域须设置为 0b01；如果某个控制存在且能被主机设置，位域要设置为 0b11；数值 0b10 是不允许的。

表 7-13　类特有 AS 接口描述符

偏 移	字 段	大 小	数值类型	描 述
0	bLength	1	数值	此描述符大小，以字节为单位，值为 16
1	bDescriptorType	1	常量	CS_INTERFACE (0x24)，描述符类型
2	bDescriptorSubtype	1	数值	AS_GENERAL (0x01)，描述符子类型
3	bTerminalLink	1	常量	此接口所连接的音频功能终端 ID
4	bmControls	1	位映射	D1..0: 起作用的备选设置控制 D3..2: 有效的备选设置控制 D7..4: 保留，必须设置为 0
5	bFormatType	1	常量	接口所使用的格式类型
6	bmFormats	4	位映射	接口支持的音频数据格式
10	bNrChannels	1	数值	接口声道簇中物理声道的个数
11	bmChannelConfig	4	位映射	物理声道的空间位置
15	iChannelNames	1	序号	字符串描述符序号，用于描述第一个物理声道

bFormatType 字段标识此接口使用的格式类型，USB 音频规范 2.0 中定义了四种格式类型，分别用类型Ⅰ、Ⅱ、Ⅲ和Ⅳ表示，每种类型中又包括多种具体的格式，请参阅 USB 音频规范详细了解音频数据格式的定义。当有 USB 同步端点与此接口关联时，可使用类型Ⅰ、Ⅱ和Ⅲ。如果没有端点与接口关联，则使用类型Ⅳ。接口的某个备选设置允许支持某个类型中的多种格式，bmFormats 字段用于进一步描述可使用的音频数据格式。

bNrChannels，bmChannelConfig 与 iChannelNames 字段构成物理声道簇描述符，请参考声道簇描述符的定义。

7. 音频流（AS）端点描述符

AS 端点描述符包括 AS 同步音频数据端点描述符和 AS 同步反馈端点描述符，由于篇幅所限，此处只介绍其中必需的 AS 同步音频数据端点描述符，其又包括标准 AS 同步音频数据端点描述符和类特有 AS 同步音频数据端点描述符。

（1）标准 AS 同步音频数据端点描述符。标准 AS 同步音频数据端点描述符与 USB 规范定义的标准端点描述符格式相同，只是对有些字段的取值做了特殊定义，如表 7-14 所示。

表 7-14　标准 AS 同步音频数据端点描述符

偏　移	字　段	大　小	数值类型	描　述
0	bLength	1	数值	此描述符大小，以字节为单位，值为 7
1	bDescriptorType	1	常量	Endpoint，描述符类型
2	bEndpointAddress	1	端点	端点在 USB 设备中的地址，地址编码方式如下： D3..0：端点号，取决于系统设计人员 D6..4：保留，复位值为 0 D7：方向 ● 0—输出端点 ● 1—输入端点
3	bmAttributes	1	位映射	D1..0：传输类型 ● 01—同步/等时 D3..2：同步类型 ● 01—异步 ● 10—自适应 ● 11—同步 D5..4：使用类型 ● 00—数据端点 ● 10—内含的反馈数据端点 其他所有位都保留
4	wMaxPacketSize	2	数字	此端点能发送或接收的最大包大小，这取决于音频带宽限制
6	bInterval	1	数字	查询此端点的间隔时间

（2）类特有 AS 同步音频数据端点描述符。类特有 AS 同步音频数据端点描述符如表 7-15 所示。

bmAttributes 字段的 D7 位，用于说明是否要求 USB 包的长度必须为 wMaxPacketSize，或也可以处理短包；主机软件必须依照这个位决定是否支持短包。这个位只能用于类型 II 的数据格式。

bmControls 字段中各位域的取值与其他描述符中类似：0b00——控制不存在，0b01——控制为只读类型，0b11——控制可读写，0b10——保留。

bLockDelayUnits 与 wLockDelay 字段用于通知主机此端点锁定时钟和功能复位，并为锁定音频数据流提供需要的时间，主机可根据这一时间采取合适的措施，以保证在进行锁定的过程中不会有数据丢失。

表 7-15　类特有 AS 同步音频数据端点描述符

偏 移	字 段	大 小	数值类型	描 述
0	bLength	1	数值	此描述符大小，以字节为单位，值为 8
1	bDescriptorType	1	常量	CS_ENDPOINT(0x25)，描述符类型
2	bDescriptorSubtype	1	常量	EP_GENERAL(0x01)，描述符子类型
3	bmAttributes	1	位映射	D7: ● 0—可处理短包 ● 1—需要包大小为 wMaxPacketSize
4	bmControls	1	位映射	D1..0：高音控制 D3..2：数据超限控制 D5..4：数据不足控制 D5..4：保留，必须设置为 0
5	bLockDelayUnits	1	数值	wLockDelay 字段使用的单位 ● 0：未定义 ● 1：毫秒 ● 2：解码的 PCM 采样 ● 3..25：保留
6	wLockDelay	2	数值	此端点可靠地锁定其内部时钟复位电路所使用的时间，时间单位由 bLockDelayUnits 定义

7.2.2　请求

音频设备类的请求包括标准请求与类特有请求。标准请求由 USB 规范定义，USB 音频规范对标准请求没有特殊定义，所以本节只介绍 USB 音频规范定义的音频类特有请求。

类特有请求用于设置和获取音频相关的控制，包括如下两类：

● 音频控制请求。用于读写音频功能的控制，如音量、音调、选择器位置等。操作的对象实际为音频功能中某个实体的某个控制的属性。音频控制请求总是作用于音频控制接口，请求中包含足够的信息，如实体 ID、控制选择及声道编号等，音频功能通过这些信息确定某个具体请求的作用对象。

● 音频流请求。用于控制经由同步端点传输的数据，如当前采样率。操作对象实际为音频接口或端点，这些控制可以是类特有的或生产商特有的。

音频设备类还支持另一种请求：

● 存储请求。音频功能中每个可访问的实体（时钟实体、终端、单元、接口及端点）可开放一个存储映射接口，用于提供操作该实体的通用方法。

原则上，所有的请求都是可选的。当主机发起某个请求时，如果音频功能不支持此请求，音频功能必须终止控制传输管道；如果支持某个"设置"请求，也必须支持对应"获取"请求；可以支持某个"获取"请求，而不支持对应的"设置"请求；如果支持中断，也必须支持所有必要的"获取"请求，用于从音频功能中获取适当的信息，以响应这些中断。

1. 控制属性

实体中的每个控制可以有一个或多个与之关联的属性，USB 音频规范 2.0 中定义了两种属性：

● 当前设置值属性（CUR）。

● 范围值属性（RANGE）。

CUR 属性用于操作某个控制的当前设置值，RANGE 属性提供 CUR 允许设置的范围值。RANGE 实际上包含一组子属性，包括最小值（MIN）、最大值（MAX）及分辨率（RES），它们通常以[MIN，MAX，RES]组合的形式一起被访问操作，而不能单独访问。RANGE 属性可支持多个子属性组合，以便可以准确地报告某个控制的多个不连续的子范围。子范围必须按升序排列，而且子范围之间不能重叠。

2. 控制请求布局

音频设备类的请求布局与 USB 规范定义的标准请求布局类似，表 7-16 给出了具体信息。

表 7-16　请求布局

bmRequestType	bRequest	wValue	wIndex	wLength	Data
00100001B	CUR 或 RANGE	CS 与 CN 或 MCN	实体 ID 与接口	参数块长度	参数块
10100001B					
00100010B			端点		
10100010B					

bmRequestType 用于指定请求类型为"设置"请求（D7=0b0）还是"获取"请求（D7=0b1）；请求为类特有请求（D6..5=0b01）；指向音频功能的（音频控制或音频流）接口（D4..0=0b00001），还是音频流接口的同步端点（D4..0=0b00010）。

bRequest 字段包含一个常量，用于指定要操作的属性为当前值 CUR 还是范围值 RANGE。如果被访问的控制不支持修改某个属性，当主机尝试进行修改时，控制管道必须回复终止（STALL）握手包。在多数情况下，只有 CUR 支持"设置"请求。当某个属性被设置时，通常的做法是自动调整接收到的值为最接近的有效值，设置后的值可通过对应的"获取"请求读取；唯一的例外是复制保护控制，当其不能完全接受"设置"请求时，控制管道要回复 STALL。

wValue 字段的高字节用于选择控制（CS），指定了此请求操作的控制为哪种类型；低字节用于确定声道编号（CN），指定了簇中的逻辑声道。如果某个控制独立于具体声道，那么此控制可考虑为主控制，并使用虚拟声道 0（CN=0）来访问。如果某个请求指定的是一个不确定或不支持的 CS 或 CN，控制管道必须回复 STALL。wValue 有一个特殊情况，当混音单元控制请求访问混音器控制时，高字节 CS 为 MU_MIXER_CONTROL，低字节为混音器控制编号 MCN。

当访问某个接口的实体时（bmRequestType=0b00100001 或 10100001），wIndex 字段的低字节指定接口，高字节指定实体 ID（时钟实体 ID、单元 ID、终端 ID、编码器 ID 或解码器 ID）；当访问接口本身时，高字节为 0。当访问某个端点时（bmRequestType=0b00100010 或 10100010），wIndex 字段的低字节指定端点，高字节为 0。如果某个请求指定了一个不确定或不存在的实体 ID、接口或端点，控制管道必须回复 STALL。

"设置请求"的实际参数在控制传输的数据阶段传递，参数块的长度由

wLength 字段指定。"获取请求"的实际参数也在控制传输的数据阶段返回，要返回的参数块的长度也是由 wLength 字段指定；如果参数块的实际长度大于 wLength 指定的值，那么只传递其中开始的 wLength 个字节；如果参数块的长度小于 wLength 指定的值，当请求更多的数据时，设备会发送一个短包以指示控制传输的结束。参数块的布局取决于 bRequest 字段与 wIndex 字段，下一小节会详细介绍所有的参数块布局类型。

3. 控制请求的参数量布局

除个别情况外，几乎所有的设置或获取请求都只操作单一的控制参数。根据 CUR 属性的大小，这些请求的参数块布局可分为三类。CUR 属性的大小可以是单字节、字（双字节）或双字（四字节），下面介绍对应的三类参数块布局。

1）布局 1 参数块

单字节大小的 CUR 属性参数块布局如表 7-17 所示。

表 7-17　单字节控制 CUR 参数块

wLength				1
偏　移	字　段	大　小	数值类型	描　述
0	bCUR	1	数值	CUR 属性设置值

对应的 RANGE 属性参数块布局如表 7-18 所示。

表 7-18　单字节控制 RANGE 参数块

wLength				$2+3n$
偏　移	字　段	大　小	数值类型	描　述
0	wNumSubRanges	2	数值	子范围的个数：n
2	bMIN(1)	1	数值	第一个子范围的 MIN 属性设置值
3	bMAX(1)	1	数值	第一个子范围的 MAX 属性设置值
4	bRES(1)	1	数值	第一个子范围的 RES 属性设置值
⋮	⋮	⋮	⋮	⋮
$2+3×(n-1)$	bMIN(n)	1	数值	最后一个子范围的 MIN 属性设置值
$3+3×(n-1)$	bMAX(n)	1	数值	最后一个子范围的 MAX 属性设置值
$4+3×(n-1)$	bRES(n)	1	数值	最后一个子范围的 RES 属性设置值

2）布局 2 参数块

双字节大小的 CUR 属性参数块布局如表 7-19 所示。

表 7-19　双字节控制 CUR 参数块

wLength		2		
偏　移	字　段	大　小	数值类型	描　述
0	wCUR	2	数值	CUR 属性设置值

对应的 RANGE 属性参数块布局如表 7-20 所示。

表 7-20　双字节控制 RANGE 参数块

wLength		2+6n		
偏　移	字　段	大　小	数值类型	描　述
0	wNumSubRanges	2	数值	子范围的个数：n
2	wMIN(1)	2	数值	第一个子范围的 MIN 属性设置值
4	wMAX(1)	2	数值	第一个子范围的 MAX 属性设置值
6	wRES(1)	2	数值	第一个子范围的 RES 属性设置值
⋮	⋮	⋮	⋮	⋮
2+6×(n−1)	wMIN(n)	2	数值	最后一个子范围的 MIN 属性设置值
4+6×(n−1)	wMAX(n)	2	数值	最后一个子范围的 MAX 属性设置值
6+6×(n−1)	wRES(n)	2	数值	最后一个子范围的 RES 属性设置值

3）布局 3 参数块

四字节大小的 CUR 属性参数块布局如表 7-21 所示。

表 7-21　四字节控制 CUR 参数块

wLength		4		
偏　移	字　段	大　小	数值类型	描　述
0	dCUR	4	数值	CUR 属性设置值

四字节的 RANGE 属性参数块布局如表 7-22 所示。

表 7-22　四字节控制 RANGE 参数块

wLength				$2+12n$
偏　移	字　段	大　小	数值类型	描　述
0	dNumSubRanges	2	数值	子范围的个数：n
2	dMIN(1)	4	数值	第一个子范围的 MIN 属性设置值
6	dMAX(1)	4	数值	第一个子范围的 MAX 属性设置值
10	dRES(1)	4	数值	第一个子范围的 RES 属性设置值
⋮	⋮	⋮	⋮	⋮
$2+12(n-1)$	dMIN(n)	4	数值	最后一个子范围的 MIN 属性设置值
$6+12(n-1)$	dMAX(n)	4	数值	最后一个子范围的 MAX 属性设置值
$10+12(n-1)$	dRES(n)	4	数值	最后一个子范围的 RES 属性设置值

4. 通用控制

下面介绍某些通用控制用于多种实体类型的情况。

（1）使能控制。使能控制用来使能或旁路某个实体，使能控制只有 CUR 属性，而且属性值只能为 TRUE 或 FALSE。控制选择字段 CS 必须为 XX_ENABLE_CONTROL（其中 XX 为某个实体的双字母缩写，下同），声道编号 CN 必须设置为 0（主控制），参数块使用布局类型 1。

（2）模式选择控制。模式选择控制用于改变实体的行为，模式选择控制只有 CUR 属性，属性值的有效范围为 1 至模式的个数（通过实体描述符的 bNrModes 字段报告）。控制选择字段 CS 必须为 XX_MODE_SELECT_CONTROL，声道编号 CN 必须设置为 0（主控制），参数块使用布局类型 1。

（3）簇控制。簇控制用于读取当前的逻辑声道簇描述符，该控制只支持"获取请求"（只读），簇控制只有 CUR 属性，CUR 属性返回簇描述符。控制选择字段 CS 必须为 XX_CLUSTER_CONTROL，声道编号 CN 必须设置为 0（主控制），参数块布局如表 7-23 所示。

表 7-23　簇控制 CUR 参数块

偏　移	字　段	大　小	数值类型	描　述
0	bNrChannels	1	数值	输出声道簇中逻辑输出声道的编号
1	bmChannelConfig	4	位映射	逻辑声道的空间位置
5	iChannelNames	1	序号	字符串描述符序号，用于描述第一个逻辑声道

（4）下溢控制。下溢控制用于指示自前一次"获取下溢"请求后，实体中有计算下溢事件发生：当尝试为无符号变量赋负值时，会发生计算下溢。该控制只支持"获取请求"（只读）。响应"获取请求"会返回 CUR 属性的值，然后该值会被清除。下溢控制只有 CUR 属性，属性值只能为 TRUE（发生下溢事件）或 FALSE（正常）。

（5）上溢控制。上溢控制用于指示自前一次"获取上溢"请求后，实体中有计算上溢事件发生，当数值超过赋值变量的表示范围时发生计算上溢，该控制只支持"获取请求"（只读）。响应"获取请求"会返回 CUR 属性的值，然后该值会被清除。上溢控制只有 CUR 属性，属性值只能为 TRUE（发生上溢事件）或 FALSE（正常）。

5. 音频控制请求

音频控制请求用于操作音频功能中实体的音频控制，包括时钟实体、终端和单元的控制请求：

- 时钟源控制请求、采样率控制、时钟有效性控制。
- 时钟选择器控制请求、时钟选择器控制。
- 时钟倍频器控制请求、分子控制、分母控制。
- 终端控制请求、复制保护控制、连接器控制、过载控制、簇控制、上溢控制、下溢控制。
- 混音单元控制请求、混音器控制、簇控制、下溢控制、上溢控制。
- 选择单元控制请求、选择器控制。
- 特征单元控制请求、静音控制、音量控制、低音控制、中音控制、高音控制、图形均衡器控制、自动增益控制、延迟控制、低音增强控制、响度控制、输入增益控制、输入增益衰减控制、反相控制、下溢控制、上溢控制。
- 效果单元控制请求。
  - 参数均衡器效果单元控制请求。使能控制、中心频率控制、Q 因子控制、增益控制、下溢控制、上溢控制。
  - 回响效果单元控制请求。使能控制、类型控制、等级控制、时间控制、延迟反馈控制、预延迟控制、密度控制、高频滚降控制、下溢控制、上溢控制。

○ 调制延迟效果单元控制请求。使能控制、平衡控制、速率控制、深度控制、时间控制、反馈等级控制、下溢控制、上溢控制。

○ 动态范围压缩效果单元控制请求。使能控制、压缩率控制、最大放大率控制、阈值控制、上升时间控制、释放时间控制、下溢控制、上溢控制。

● 处理单元控制请求。

○ 上/下混合处理单元控制请求。使能控制、模式选择控制、簇控制、下溢控制、上溢控制。

○ 杜比定向逻辑处理单元控制请求。使能控制、模式选择控制、簇控制、下溢控制、上溢控制。

○ 立体声扩展处理单元控制请求。使能控制、宽度控制、簇控制、下溢控制、上溢控制。

● 扩展单元控制请求。使能控制、簇控制、下溢控制、上溢控制。

接下来介绍其中的部分控制请求。需要说明的是同一请求的"设置请求"与"获取请求"的参数块布局是相同的。

（1）特征单元控制请求-静音控制。静音控制只有 CUR 属性，属性值为 TRUE（静音）或 FALSE（非静音），请求的控制选择字段 CS 必须设置为 FU_MUTE_CONTROL，声道编号字段 CN 设置为要访问的声道编号，参数块使用布局类型 1。

（2）特征单元控制请求 - 音量控制。音量控制必须支持 CUR 属性和 RANGE（MIN、MAX、RES）属性。CUR，MIN 与 MAX 属性的取值范围为 -127.9961dB(0x8001) ～ +127.9961dB （ 0x7FFF ）， 步 长 为 1/256dB 或 0.00390625dB（0x0001）；RES 属性只能为正值，范围为 1/256dB（0x0001）～ +127.9961dB（0x7FFF）。另外，必须支持代表静音（-∞ dB）的编码 0x8000，但 不 能 通 过 MIN 属 性 报 告 。 请 求 的 控 制 选 择 字 段 CS 须 设 置 为 FU_VOLUME_CONTROL，声道编号字段 CN 设置为要访问的声道编号，参数块使用布局类型 2。

6. 音频流请求

音频流请求用于操作音频流接口的实体，包括音频流接口本身、编码器、解码器或端点。

- 接口控制请求包括起作用的备选设置控制、有效的备选设置控制、音频数据格式控制。
- 编码器控制请求包括比特率控制、品质控制、VBR（变化的比特率）控制、类型控制、下溢控制、上溢控制、编码器错误控制、参数<X>控制。
- 解码器控制请求包括 MPEG 解码器控制请求、AC-3 解码器控制请求、WMA 解码器控制请求、DTS 解码器控制请求。
- 端点控制请求包括音高控制、数据超限控制、数据不足控制。

下面只介绍其中的部分请求。与音频控制请求类似，音频流同一请求的"设置请求"与"获取请求"的参数块布局相同。

（1）端点控制请求——数据超限控制。数据超限控制用于指示自前一次"获取数据超限"请求后，实体中有数据超限（缓存上溢）事件发生，该控制只支持"获取请求"（只读），只有 CUR 属性，属性值只能为 TRUE（发生了数据超限）或 FALSE（正常）。请求的控制选择字段 CS 须设置为EP_DATA_OVERRUN_CONTROL，声道编号须设置为 0（主控制），参数块使用布局类型 1。

（2）端点控制请求——数据不足控制。数据不足控制用于指示自前一次"获取数据不足"请求后，实体中有数据不足（缓存下溢）事件发生，该控制只支持"获取请求"（只读），只有 CUR 属性，属性值只能为 TRUE（发生了数据不足）或 FALSE（正常）。请求的控制选择字段 CS 须设置为EP_DATA_UNDERRUN_CONTROL，声道编号须设置为 0（主控制），参数块使用布局类型 1。

7. 其他请求

主机可通过一种通用的方法访问音频功能中的实体，这种方法通过实体向主机提供的存储空间来实现。存储请求提供了完整地访问这一存储空间的方法，存储请求用于上传或下载参数块到音频功能的某个特殊实体中，其结构如表 7-24 所示。

表 7-24　存储请求

bmRequestType	bRequest	wValue	wIndex	wLength	Data
00100001B 10100001B	MEM	偏移	实体 ID 与接口	参数块长度	参数块
00100010B 10100010B			端点		

bRequest 字段指示要访问的实体的 MEM 属性；wValue 字段指定一个从零开始的偏移值，允许只访问实体的部分存储空间；其他字段的定义与控制请求布局类似。

7.2.3　中断

中断作为一种方法，用来通知主机音频功能的当前状态发生变化。USB 音频规范 2.0 定义了两种类型的中断：

● 存储变化。某些内部实体的存储位置发生了更新，通知主机软件，以采取相应的措施。

● 控制变化。音频功能中某些可寻址的控制改变了其一个或多个属性值。

时钟实体、单元或终端中的音频控制可作为中断源；类似地，音频控制接口或音频流接口中任何可寻址的控制可作为中断源；与某个音频端点相关的所有可寻址的控制也可作为中断源。

音频功能中某个状态的变化通常是由某个事件引起的，而事件是使用者或设备触发的。使用者插入或拔掉音频插头是典型的使用者触发事件。设备触发事件的一个示例如下：某个外部设备根据实际使用的不同传输介质切换编码数据格式，通过中断通知主机对音频功能进行重新配置。

中断的实际类型（存储变化还是控制变化）与中断源信息，通过中断数据消息传递到主机；中断数据消息通过中断端点发送。接下来，主机通过"获取存储请求"或某个"获取控制请求"询问音频功能，以获取触发中断的更多相关信息。

中断被看作为边沿触发类型，这意味着某个事件发生时产生中断，不要求主机采取特定措施以清除中断标志。当主机发起"获取请求"，以响应中断时，被访问控制的属性最新值被返回。

中断数据消息长度总是为 6。其中 bInfo 字段的 D0 用于指定中断是生产商特有中断（D0=0b1）还是类特有中断（D0=0b0）；D1 指定中断时源自于某个接口（D1=0b0）还是端点（D1=0b1）。对于生产商特有的中断，其余格式没有定义；对于类特有中断，格式定义如表 7-25 所示。

表 7-25　中断数据消息格式

偏　移	字　段	大　小	数值类型	描　述
0	bInfo	1	位映射	D0：生产商特有或类特有中断 D1：接口或端点 D7..2：保留，必须设为零
1	bAttribute	1	常量	触发中断的属性
2	wValue	2	数值	高字节为 CS，低字节为 CN 或 MCN
4	wIndex	2	数值	高字节为实体 ID 或零，低字节为接口或端点号

当中断源自某个接口的实体（bInfo D1=0b0）时，wIndex 低字节指定接口，高字节指定实体 ID；如果需要指定接口本身，高字节为零。当中断源自某个端点（bInfo D1=0b1）时，wIndex 低字节指定端点，高字节为零。

wValue 字段的高字节用于选择控制（CS），低字节用于确定声道编号（CN）。如果某个控制独立于具体声道，那么此控制为主控制，并使用虚拟声道 0（CN=0）来访问。wValue 有两个特殊情况，一个是混音单元控制请求，高字节 CS 为 MU_MIXER_CONTROL，低字节为混音器控制编号 MCN；另一个是存储请求，wValue 字段指定一个从零开始的偏移值，用于确定实体存储空间中产生中断的位置地址；如果偏移为零，则说明多个存储位置可能发生了变化，需要检查整个存储空间。

bAttribute 包含一个常量，可以为 CUR，RANGE 或 MEM，用于标识触发中断的属性。

7.3　代码实例

本节介绍 NXP MCUXPresso SDK 中 USB 音频类协议的实现。

▪ 7.3.1　SDK USB 音频类应用

如第 3 章中所述，设备（Device）协议栈的类驱动位于应用层，所以类相关的源文件位于 SDK 提供的设备应用例程的目录中。SDK 提供了如下四个音频设备应用例程，位于 boards\board_name\usb_examples 中。

- usb_device_audio_generator。USB 录音设备例程，实现 USB 麦克风功能，提供了裸机工程和基于 FreeRTOS 的工程。

- usb_device_audio_generator_lite。简化版的 USB 录音设备例程，只有裸机工程。

- usb_device_audio_speaker。USB 播放设备例程，实现 USB 音响或 USB 耳机功能，提供了裸机工程与基于 FreeRTOS 的工程。

- usb_device_audio_speaker_lite。简化版的 USB 播放设备例程，只有裸机工程。

主机（Host）协议栈的类驱动独立于应用层，类相关的源文件位于 middleware\usb\host\class 中。SDK 提供了一个支持音频类的主机例程，也位于 boards\board_name\usb_examples 中。

- usb_host_audio_speaker。USB 主机例程，连接 USB 播放设备后，可播放预存于工程中的音频文件，提供了裸机工程和基于 FreeRTOS 的工程。

■■7.3.2 SDK USB 音频类的实现

接下来，以 usb_device_audio_speaker 裸机工程为例，介绍 SDK 中 USB 音频类的实现，该工程位于 boards\board_name\usb_examples\usb_device_audio_speaker\bm 中。

1. 源文件分析

工程的大部分源文件位于工程目录中：

● usb_device_ch9.c，usb_device_ch9.h。用于实现 USB 规范第 9 章中定义的标准请求。

● usb_device_class.c，usb_device_class.h。作为应用程序、设备驱动与音频类之间的接口层，用于统一管理和访问所有的类驱动。应用程序通过 usb_device_class 访问音频类驱动与设备驱动，如初始化操作等；设备驱动通过 usb_device_class 访问音频类驱动，如传递事件处理请求等。

● usb_device_audio.c，usb_device_audio.h。用于实现音频类请求。

● usb_device_descriptor.c，usb_device_descriptor.h。用于定义描述符，包括标准描述符、音频类特有描述符及字符串描述符。

● usb_device_config.h。用于配置协议栈模式，如选择 USB 硬件外设、选择设备类等。

● audio_speaker.c，audio_speaker.h。实现了应用代码，包括初始化各模块，用于处理音频类特有请求的回调函数等。

● BSP 文件。系统时钟配置、引脚复用配置、音频解码芯片驱动等。

工程的部分源文件位于 middleware\usb\device 中，包括：

● usb_device_ehci.c，usb_device_ehci.h 或 usb_device_khci.c，usb_device_khci.h 或 usb_device_lpcip3511.c，usb_device_lpcip3511.h。USB 控制器驱动，Kinetis 系列微控制器的全速 USB 使用 KHCI，高速 USB 使

用 EHCI；LPC 系列微控制器的全速 USB 使用 LPCIP3511FS，高速
USB 使用 LPCIP3511HS。

● usb_device_dci.c，usb_device_dci.h。作为应用层与控制器驱动之间的
  接口，用于统一管理所有的控制器驱动。

通过以上这些文件，实现了音频设备的分层结构的协议栈。

2. 初始化流程分析

首先进行应用层的初始化，包括初始化系统时钟、引脚复用、音频解码
芯片、I^{2}S 外设、DMA 等。然后在 APPInit() 函数中，通过调用
USB_DeviceClassInit()函数初始化协议栈。在 USB_DeviceClassInit()函数中，
调用 USB_DeviceInit()初始化控制器驱动，并调用 USB_DeviceAudioInit()初始
化音频类驱动。

SDK USB 协议栈使用了大量的回调函数（Callback），使下层的某个事件
可以在上层得到相应的处理。协议栈的每层使用句柄（Handle）保存结构体
数据，其中包括上一层的回调函数。

3. 工作流程分析

SDK USB 协议栈使用消息（Message）的方式来处理各种事件。通过在
usb_device_config.h 中定义的宏 USB_DEVICE_CONFIG_USE_TASK 选择使
用任务或中断来响应消息。usb_device_dci.c 中定义的函数 USB_
DeviceNotification()用来处理消息。

第 8 章

USB 组合类应用开发

8.1　简介

composite 类是一个可以在一个 USB 设备中实现多个不同的功能的特殊 USB 类，如一个设备实现鼠标+键盘，或者鼠标+U 盘等功能。实际上 USB composite 类可以实现几乎任意的 USB 功能的组合，而且也不仅仅只是两个功能的组合，可以是三个甚至多个。这也是 USB 相较于其他通信接口的优点之一。

一般情况下，在一般的 MCU 应用中，配置只有一个，大部分非 composite 应用，接口一般只有 1～2 个（单个鼠标或键盘的应用接口只有 1 个，CDC 虚拟串口的应用中接口有 2 个）。端点是实现接口所需的资源。一个接口由若干的不同类型的端点组成。总的来说，端点组成接口，接口组成配置，配置组成设备。

所谓 composite 就是将不同的类接口合并，组成一个复合功能设备，当然，一个端点只能被一个接口所用。因此，组成复合设备的接口数多少（功能多少）最终由端点的个数所限制。

在 USB 中，还有一个 compound device 的概念，它和 composite device 都可以被翻译为复合设备或组合设备，但它们是完全两个不同的概念。

- USB Compound Device（USB 复合设备）。USB Compound Device 内嵌 Hub 和多个功能，每个功能都是独立的 USB 设备，有自己的 VID 和 PID。可以简单地理解为一个物理产品中包含几个 USB 设备和一个 Hub。

- USB Composite Device（USB 组合设备）。USB Composite Device 中只有一套 VID/PID，通过不同的接口将 USB 设备定义为不同的组合。

实现 composite 类步骤如下：

USB Composite Device 把之前的单功能设备整合到一个 USB 设备下，比如要实现同一个设备同时具有 CDC 和 MSC 的功能。对于 USB 设备，主要工作就是将每个 USB 类的接口描述符提出来，整合到同一个配置描述符下。这是实现 Composite 设备要做的最基础也是最重要的工作。

除此之外，每个功能的接口描述符也需要重新考虑，每个接口的端点资源分配也可能要重新分配和编排。因为 USB 协议规定，每个端点只能同时被唯一一个接口所使用，不能出现多接口同时共享一个端点的情况。

在 USB Composite 类枚举完成后，还需要将原来每个 USB 类功能的应用代码移植到同一个工程中。来实现每个具体的 USB 类功能。

实现 USB Composite 类的大体步骤主要分为以上三步，在下一节中，将分别具体详细描述每步的实现步骤。

8.2　请求及描述符

在 USB 协议发布以后的很长一段时间内，USB 协议对于多个接口实现一个逻辑功能都没有一整套完整的架构说明。于是乎各个设备工作组（Device Working Group）都分别制定了各自的实现标准，但各自并不兼容。最终，USB 组织发布了一套新标准，它使用接口联合描述符（Interface Association Descriptor，IAD）来解决这个问题。IAD 描述符是将多个接口粘合成应用的描述符。如 USB CDC 类中的虚拟串口应用，它使用通信接口和数据接口来完成虚拟串口的功能，如果是单一功能设备，只有一个逻辑功能，不需要 IAD 描述符。但是当 USB Composite Device 中需要包含 CDC 类似虚拟串口这种应用时，则需要在 CDC 类应用的接口描述符之前加入一个 IAD 描述符，用来表明后面的两个接口共同完成一个逻辑功能。

正因为 IAD 并不是一开始就存在于 USB 协议中的，所以有一些 Host 驱动软件并不能正确识别 IAD 描述符。由于 USB 的描述符读取机制设计的比较严谨，主机程序一般会将 IAD 设为无效的描述符并忽略掉。即使如此，也并不能保证所有的 USB Composite Device 中的逻辑功能都能正常工作。

8.2.1 设备描述符的修改

USB 工作组在设备描述符中定义了使用 IAD 的 USB Composite Device 所必须设定的一些字段。这样 USB Host 就可以在枚举的开始获取设备描述符的阶段就知道该设备使用的 IAD 描述符，并且可以在后面读取配置描述符的过程中正确解析它。使用了 IAD 的 USB 设备在设备描述符的设备类、子设备类和协议代码中必须填入由 USB 工作组定义的值，表 8-1 所示为使用 IAD 的 USB Composite Device 的设备描述符。

表 8-1 Composite 设备的设备描述符

偏 移	字 段	大 小	值	说 明
0	bLength	1	数字	描述符长度
1	bDescriptor	1	常量	描述符类型
2	bcdUSB	2	BCD	USB 协议版本号的 BCD 值
4	bDeviceClass	1	EFH	其他设备类型
5	bDeviceSubClass	1	02H	通用 USB 设备类
6	bDeviceProtocol	1	01H	使用 IAD 描述符
7	bMaxPacketSize0	1	数字	
8	idVender	2	ID	
10	iDproduct	2	ID	
12	badDevice	2	BCD	参见第 1 章备述符讲解
14	iManufcctuer	1	数字	
15	iProduct	1	数字	
16	iSeralNumber	1	数字	
17	bNumConfigurations	1	数字	

8.2.2 使用 IAD 时的用户编程模型

虽然 USB 协议并没有规定在主机获取配置描述符时各个逻辑功能的接口描述符、类特殊描述符及端点描述符如何组织，谁前谁后；但是一般情况下，一个通用的规则就是按逻辑功能来划分，如图 8-1 所示。每一个逻辑功能都由接口、类特殊描述符（未体现在图 8-1 中）及后面的实现接口的端点描述符组成。在 USB Composite Device 中，如果逻辑功能需要多个接口来实现，则需要添加 IAD 描述符，用来粘接属于逻辑功能的多个接口。如果某个逻辑功能只需要一个接口即可满足要求，则不需要 IAD 描述符。

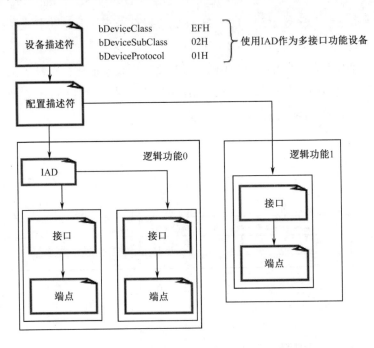

图 8-1　使用 IAD 编程时的用户编程模型

如图 8-1 所示，该例描述了一个 USB Composite Device 的所有描述符排列，该设备由两个逻辑功能组成，逻辑功能 0 需要两个接口，逻辑功能 1 只需要一个接口。所以，在逻辑功能 0 的第一个接口描述符之前添加了一个 IAD 描述符，用于连接逻辑功能 0 的两个接口。

■ 8.2.3　接口联合描述符

接口联合描述符（IAD）并不能由主机的 Get Descriptor 请求来获取，它只能被嵌入在配置描述符中。当主机发送获取配置描述符时被读回。IAD 描述符的具体结构如表 8-2 所示。

表 8-2　IAD 描述符结构

偏　移	字　段	大　小	值	说　明
0	bLength	1	数字	描述符长度
1	bDescriptor	1	常量	描述符类型
2	bFirstInterface	1	数字	第一个要被连接的接口号
3	bInterfaceCount	1	数字	需要被连接的接口数量
4	bFunctionClass	1	数字	需要连接的逻辑功能的 USB 类代码
5	bFunctionSubClass	1	数字	需要连接的逻辑功能的 USB 子类代码
6	bFunctionProtocol	1	数字	需要连接的逻辑功能的协议代码
7	iFunction	1	索引	改描述符的字符串描述符索引值

　　USB 设备的所有接口描述符都会被指定不重复的接口 ID，一般接口 ID 都是顺序标注的。在使用 IAD 连接相同逻辑功能的接口时，被连接的接口 ID 一定要连续才行。这样，就可以将第一个接口的接口 ID 填入 bFirstInterface。如果这个逻辑功能需要 2 个接口，那么 bInterfaceCount 就填 2；如果需要三个接口，就填 3，以此类推。

　　bFunctionClass,bFunctionSubClass 和 bFunctionProtocol 需要填入要被连接的逻辑功能的 USB 类、子类和协议代码值。因为在设备描述符中这三个字段已经被用来描述该设备为 USB Composite Device，所以 IAD 中需要重新描述该接口的 USB 类，这样主机才能正确识别并安装相应驱动。

8.2.4　其他

　　在枚举过程中，复合 USB 设备的主机会下发很多类请求。在设备端编程处理这些请求响应时，尤其要注意判断这些请求的接口号。不要把错误或其他类的响应数据返回到错误的接口请求上。

8.3 代码实例

8.3.1 SDK 中 composite 类例程

本节以 SDK 例程 usb_device_composite_cdc_msc 为例讲解 SDK 中 USB composite 类的使用。在介绍前，需要熟悉这两个单独的 USB 类应用，即 USB CDC 虚拟串口和 MSC 设备。

在 SDK USB 例程中，凡是以 usb_device_composite_为名字开头的例程均为 composite 类。表 8-3 列举了目前版本的 SDK 提供的所有 composite 类例程。

表 8-3　SDK 中 composite 类例程

例　程	说　明
usb_device_composite_cdc_msc	实现 CDC 虚拟串口和 MSC 模拟 MSD 设备（使用 RAM 作为存储介质）
usb_device_composite_cdc_msc_sdcard	实现 CDC 虚拟串口和 MSC 模拟 MSD 设备（使用 SD 卡作为存储设备）
usb_device_composite_cdc_vcom_cdc_vcom	实现两个独立的 USB CDC 虚拟串口
usb_device_composite_hid_audio_unified_lpc	实现 USB 键盘和 USB Audio 设备
usb_device_composite_hid_mouse_hid_keyboard	利用两个接口实现 HID 鼠标和 HID 键盘

8.3.2 U 盘+虚拟串口例程

1. 文件结构

usb_device_composite_cdc_msc 文件结构分配如下：

● omposite.c。复合设备应用级代码，存放一些全局结构体、宏定义及 main 所在地。

● disk.c。MSC 类虚拟 MSD 设备的数据结构体及数据处理实现。

● virtual_com。CDC 类虚拟串口的数据结构及数据处理的实现。

2. 资源分配

这是 USB CDC 虚拟串口和 USB MSC 实现大容量存储类设备结合的例子。程序运行后，会在 Host 端解析出两个逻辑功能。这个例程使用三个接口，对应在 SDK 中的实例如表 8-4 所示。

表 8-4　复合类中在 SDK 中的接口实例

SDK 中描述符接口号	SDK 中接口变量名	说　明
0	g_cdcVcomCicInterface	USB CDC 类控制接口
1	g_cdcVcomDicInterface	USB CDC 类数据接口
2	g_mscDiskInterface	USB MSC 类接口

在前节已经讲述过，在 USB Composite Device 中想要将使用多个接口的逻辑功能连接，必须使用多个 IAD 描述符。IAD 描述符被嵌入在配置描述符中，具体实现如图 8-2 所示。可参照 IAD 描述符结构字段的具体定义来对应理解。

```
/* Interface Association Descriptor */
/* Size of this descriptor in bytes */
USB_IAD_DESC_SIZE,
/* INTERFACE_ASSOCIATION Descriptor Type  */
USB_DESCRIPTOR_TYPE_INTERFACE_ASSOCIATION,
/* The first interface number associated with this function */
0x00,
/* The number of contiguous interfaces associated with this function */
0x02,
/* The function belongs to the Communication Device/Interface Class  */
USB_CDC_VCOM_CIC_CLASS, 0x03,
/* The function uses the No class specific protocol required Protocol  */
0x00,
/* The Function string descriptor index */
0x02,
```

图 8-2　IAD 描述符在 SDK 中的实现

同样，在 USB Composite 中，端点资源的分配也是一个值得关注的问题。表 8-5 展示了本例程中的端点-接口分配信息，方便读者阅读该例程代码。

表 8-5   不同接口所使用的端点资源

接 口	使用端点号	对应 SDK 例程中的宏
0 (CDC CIC)	4	USB_CDC_VCOM_CIC_INTERRUPT_IN_ENDPOINT(4)
1 (CDC DIC)	3	USB_CDC_VCOM_DIC_BULK_IN_ENDPOINT(3)
		USB_CDC_VCOM_DIC_BULK_OUT_ENDPOINT(3)
2 (MSC)	1,2	USB_MSC_DISK_BULK_IN_ENDPOINT(1)
		USB_MSC_DISK_BULK_OUT_ENDPOINT(2)

3. 初始化

USB Composite Device 和非 Composite 在 SDK 初始化时的主要区别就是 usb_device_class_config_struct_t 结构体的传递，原来的单一逻辑功能设备只需要传递这样的配置结构体即可，而现在需要两个甚至多个。图 8-3 的代码描述了本例程中 config_list 结构体的构造。

```
/* USB device class information */
usb_device_class_config_struct_t g_compositeDevice[2] = {
    {
        USB_DeviceCdcVcomCallback, (class_handle_t)NULL, &g_UsbDeviceCdcVcomConfig,
    },
    {
        USB_DeviceMscCallback, (class_handle_t)NULL, &g_mscDiskClass,
    },
};

/* USB device class configuration information */
usb_device_class_config_list_struct_t g_compositeDeviceConfigList = {
    g_compositeDevice, USB_DeviceCallback, 2,
};
```

图 8-3   复合设备实例在 SDK 中的实现

首先，g_compositeDevice 结构描述了 2 个逻辑功能的配置，分别对应类回调函数和句柄（在后面的 USB_DeviceClassInit 中被赋予值），后面还会传入与该类应用有关的具体配置结构体。这部分与单功能的 USB 初始化是一模一样的。

然后，调用 USB_DeviceClassInit 将 g_compositeDeviceConfigList 传入，协议栈会根据 g_compositeDeviceConfigList 所指向的所有信息一一进行初始化，初始化是将各个类的句柄赋值，并且最终将 g_composite.deviceHandle 这个设备全局句柄也进行赋值，使之生效。

4. 数据传输阶段

数据传输阶段都在 disk.c 和 virtual_com.c 中完成，与单独逻辑功能的 USB 设备完全相同，都通过 USB 类回调函数来实现异步传输。

第 9 章

USB Hub 应用开发

USB Hub 在 USB 总线的拓扑结构中起到了很重要的作用，它扩展了主机的接口，从而使主机可以连接更多的设备。本章对 USB Hub 类（Class）和主机如何驱动 Hub 进行介绍，并结合 NXP MCUXpresso SDK 具体实现进行分析，从而使读者对 Hub 有更深入的理解。本章只对 USB2.0 Hub 进行介绍，不涉及 USB3.0 Hub。

9.1 简介

对于 USB 主机来说，Hub 也是一类 USB 设备，每个 Hub 都具有一个上行端口（UFP）和多个下行端口（DFP），上行端口连接到主机端口或其他 Hub 的下行端口，下行端口用于连接其他设备或 Hub。这样多级 Hub 相连形成树形结构，对主机 USB 接口进行扩展，从而可以连接更多的设备。USB 规定最多可以连接 5 级 Hub。

Hub 主要实现以下的功能：

● 检测设备的连接和断开，并通知给主机。

● 转发主机和设备之间的通信。

9.2　请求与描述符

9.2.1　标准描述符

与普通 USB 设备一样，Hub 具有标准描述符。Hub 的设备描述符中的设备类字段（bDeviceClass）设置成 0x09（Hub Class）。USB2.0 Hub 的配置描述符如图 9-1 所示，一般 Hub 具有一个接口，并且接口的类（Class）是 0x09，接口包含一个中断端点。

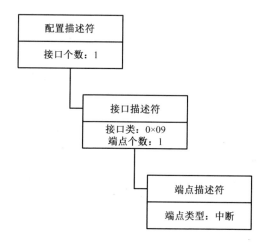

图 9-1　Hub 标准描述符

9.2.2　Hub 描述符

Hub 描述符描述了 Hub 的特性，如表 9-1 所示。当 Hub 连接到主机，且枚举成功时，主机通过 GET_DESCRIPTOR 请求获取此描述符，并依据此描述符对 Hub 进行驱动。

表 9-1　Hub 描述符

字　段	大小（字节）	说　明
bDescLength	1	此描述符的字节数
bDescriptorType	1	29H，Hub 描述符
bNbrPorts	1	此 Hub 的下行端口的个数
wHubCharacteristics	2	D1…D0：Logical Power Switching Mode D2：此设备是否是一个组合设备（compound device） D4…D3：过流保护模式 D6…D5：包转发的延迟 D7：下行端口是否支持状态指示。此指示提供两种颜色（绿色、琥珀色），通过熄灭、点亮、闪烁表达不同的状态
bPwrOn2PwrGood	1	端口从供电使能到能正常工作的时间
bHubContrCurrent	1	此 Hub 需求的最大的电流
DeviceRemovable	(bNbrPorts + 7) / 8	指示下行端口上的设备是否是可拔插的
PortPwrCtrlMask	(bNbrPorts + 7) / 8	向前兼容字段

9.2.3　Hub 请求

　　USB 标准定义了如表 9-2 所示的 Hub 类请求，本节不会对所有的请求进行详细介绍，只会对开发微控制器 Hub 驱动使用的请求进行详细介绍。

表 9-2　Hub 请求

请　求	说　明
GetHubDescriptor	获取 Hub 描述符
SetHubDescriptor	设置 Hub 的描述符
GetHubStatus	获取 Hub 状态（Hub 自供电的状态和过流状态）
ClearHubFeature	清除 Hub 状态变化（Hub 自供电的状态和过流状态）
SetHubFeature	设置 Hub 状态
GetPortStatus	获取 Hub 下行端口的状态
ClearPortFeature	清除 Hub 下行端口的状态

续表

请　求	说　明
SetPortFeature	设置 Hub 下行端口的状态
ResetTT	复位传输转换单元（Transaction Translator）
ClearTTBuffer	清除传输转换单元（Transaction Translator）的缓存
GetTTState	获取传输转换单元（Transaction Translator）的状态
StopTT	停止传输转换单元（Transaction Translator）

1. GetHubDescriptor

主机会通过该请求获取 Hub 的描述符，然后得到 Hub 的端口数等信息。

2. GetHubStatus & ClearHubFeature

主 机 会 通 过 GetHubStatus 请 求 获 取 Hub 的 状 态， 还 可 以 通 过 ClearHubFeature 清除 GetHubStatus 获取到的状态变化。

3. GetPortStatus & ClearPortFeature

主机会通过 GetPortStatus 获取下行端口的状态，Hub 会把端口是否插入设备等状态通过该请求返回给主机，主机通过该请求进行 Hub 下行端口热拔插等处理。主机可以通过 ClearPortFeature 清除 GetPortStatus 获取到的状态变化。端口状态如表 9-3 所示。

表 9-3　Hub 请求

请　求	说　明
PORT_CONNECTION	端口是否连接上了设备
PORT_ENABLE	端口是否使能
PORT_SUSPEND	端口上连接的设备是否进入了挂起状态
PORT_OVER_CURRENT	端口过流
PORT_RESET	对端口上连接的设备复位
PORT_POWER	端口是否上电
PORT_LOW_SPEED	端口上连接的设备是低速设备
PORT_HIGH_SPEED	端口上连接的设备是高速设备
PORT_TEST	端口是否在测试模式
PORT_INDICATOR	0—端口状态指示由 Hub 自己控制 1—端口状态指示由主机软件控制

端口的状态变化如表 9-4 所示。

表 9-4 端口状态变化

请 求	说 明
C_PORT_CONNECTION	端口的连接状态发生了变化
C_PORT_ENABLE	当端口出现错误致使端口失能时，此位被设置
C_PORT_SUSPEND	端口上连接的设备的挂起状态发生了变化
C_PORT_OVER_CURRENT	端口过流状态发生了变化
C_PORT_RESET	当端口复位完成后，此位被设置

9.3　SDK 的实现

NXP 开发套件实现对 USB2.0 Hub 的识别和驱动。本节以 Hub 的功能进行介绍。

■■9.3.1　主机识别 Hub

图 9-2 描述了 Hub 本身被主机识别和驱动的流程。当 Hub 插入主机时，主机在检测到插入并且完成速度识别后，开始枚举；当 Hub 插入上层 Hub 时，上层 Hub 检测此 Hub 的插入，然后主机通过和上层 Hub 通信识别设备插入，在主机识别到插入的 Hub 之后开始枚举。本节不对枚举过程进行详细的描述，对 Hub 的枚举与对普通设备的枚举流程一样，请参考第 1.5.5 节。在枚举结束后，主机通过接口类（0x09）判断插入的设备是 Hub，然后进行 Hub 类驱动的初始化。Hub 类驱动会获取 Hub 描述符，并解析 Hub 端口个数，然后逐一使能所有的端口，不断地轮训 Hub 的状态变化，对 Hub 的状态进行处理。当 Hub 断开连接后，主机释放已初始化的 Hub 类驱动。

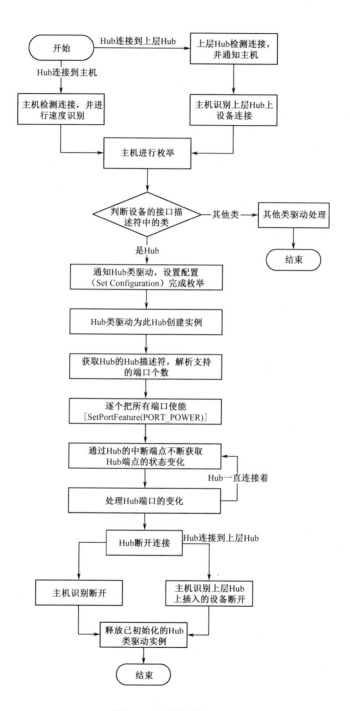

图 9-2 主机识别 Hub

9.3.2　主机识别 Hub 上设备连接

主机识别 Hub 上设备连接的正常流程如图 9-3 所示,注意本图没有描述出错情况。

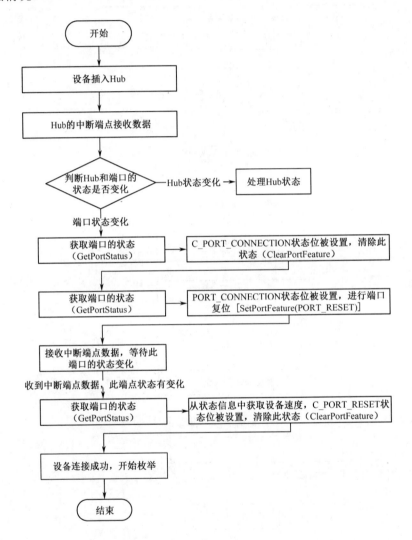

图 9-3　主机识别 Hub 上设备连接

- 假设设备连接到 Hub 的下行端口 1。
- 主机从中断端点接收到 Hub 的数据,中断端点的数据格式如表 9-5 所示。

表 9-5 Hub 中断端点数据

位	说 明
0	Hub 状态是否有变化
1	下行端口 1 的状态是否有变化
2	下行端口 2 的状态是否有变化
3	下行端口 3 的状态是否有变化
⋮	⋮
n	下行端口 n 的状态是否有变化

- 端口 1 的状态发生变化（中断端点数据中第 1 位的值为 1）。

- 通过 GetPortStatus 获取端口 1 的状态，C_PORT_CONNECTION 状态被设置，通过 ClearPortFeature 清除此状态。

- 通过 GetPortStatus 获取端口 1 的状态，PORT_CONNECTION 状态被设置，通过 SetPortFeature(PORT_RESET)进行端口复位。

- 等待中断端点的数据和端点 1 状态变化。

- 通过 GetPortStatus 获取端口 1 的状态，C_PORT_RESET 状态被设置，通过 ClearPortFeature(C_PORT_RESET)清除此状态。

- 设备连接成功，主机开始枚举此设备。

9.3.3 主机识别 Hub 上设备断开

主机识别 Hub 上设备断开的正常流程如图 9-4 所示。注意图 9-4 没有描述出错情况。

- 假设端口 1 上连接的设备断开链接。

- 主机收到 Hub 的中断传输数据，端口 1 的状态发生变化。

- 通过 GetPortStatus 获取端口 1 的状态，C_PORT_CONNECTION 状态被设置，通过 ClearPortFeature 清除此状态。

- 通过 GetPortStatus 获取端口 1 的状态，PORT_CONNECTION 状态被清除。

● Hub 上的设备断开连接，主机释放此设备的资源。

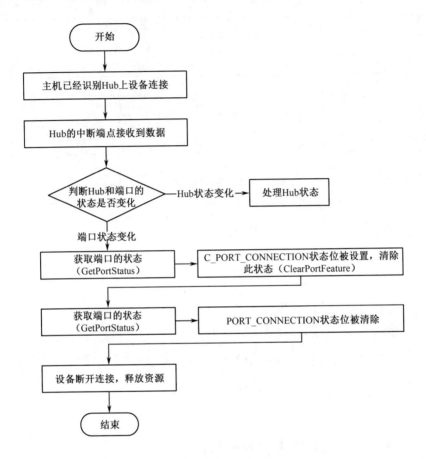

图 9-4　主机识别 Hub 上设备断开

9.3.4　Hub 转发传输

USB2.0 Hub 分为全速 Hub 和高速 Hub，当全速设备或高速设备连接到 Hub 上时，对于不同速度的设备 Hub 的行为是不同的，本节对连接情况进行分类介绍。

1. USB2.0 设备连接到 USB2.0 全速 Hub

当高速设备连接到 USB2.0 全速 Hub 时，高速设备会工作在全速模式下。如图 9-5 中虚线所示，USB2.0 全速 Hub 会把主机发送的数据包，广播转发到所有的下行端口上连接的设备；把全速设备发送的数据包，转发给主机。

2. USB2.0 高速设备连接到 USB2.0 高速 Hub

当高速设备连接到 USB2.0 高速 Hub 时，高速设备工作在高速模式下。如图 9-6 中虚线所示，USB2.0 高速 Hub 会把主机发送的数据包、广播转发到所有的下行端口上连接的高速设备，并把高速设备的数据包转发给主机。

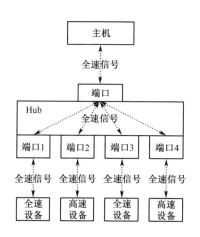

图 9-5　USB2.0 设备连接 USB2.0 全速 Hub

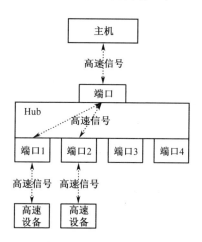

图 9-6　USB2.0 高速设备连接 USB2.0 高速 Hub

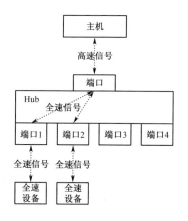

图 9-7　USB2.0 高速设备连接
USB2.0 高速 Hub

3. USB2.0 全速设备连接到 USB2.0 高速 Hub

当全速设备连接到 USB2.0 高速 Hub 时，全速设备会工作在全速模式下。如图 9-7 中虚线所示，当主机向 USB2.0 高速 Hub 端口 1 上的全速设备发送数据时，主机将高速信号发送数据包到 Hub，然后 Hub 把数据包通过全速信号发送给端口 1 上的全速设备；全速设备以全速信号发送数据包到 Hub，然后 Hub 再通过高速信号把数据包转发给主机。

USB2.0 规范规定此种情况下 USB2.0 高速 Hub 进行 SPLIT 传输，把高速数据包转化成全速数据包。下面对控制传输、批量传输、中断传输和实时传输的 SPLIT 传输进行介绍。

1）控制传输

控制传输有三种情况：数据阶段为 IN、数据阶段为 OUT 和没有数据阶段。数据阶段为 IN 的控制传输的时序图如图 9-8 所示，数据阶段为 OUT 的控制传输的时序图如图 9-9 所示，没有数据阶段的控制传输的时序图如图 9-10 所示。为了便于理解图 9-8～图 9-10 没有考虑出错情况。SSPLIT 为 SPLIT 开始传输令牌，CSPLIT 为 SPLIT 结束传输令牌。

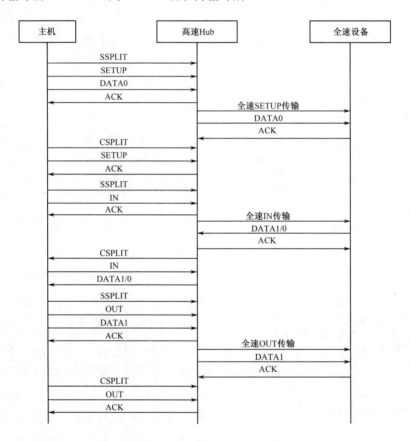

图 9-8　数据阶段为 IN 的控制传输

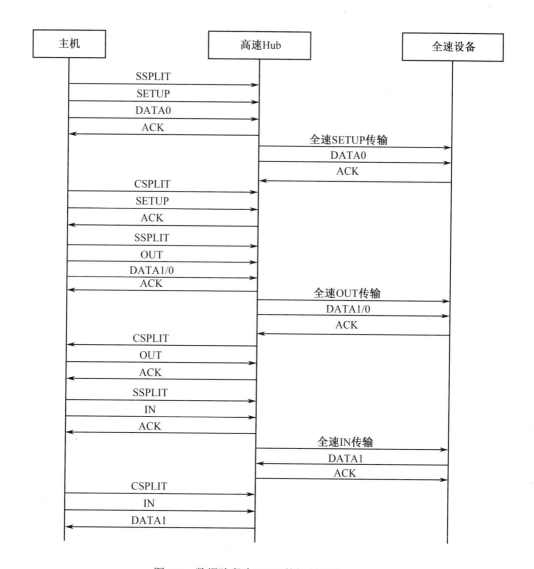

图 9-9　数据阶段为 OUT 的控制传输

2）批量（bulk）传输

批量传输有两种情况：IN 传输和 OUT 传输。IN 批量传输的时序图如图
9-11 所示，OUT 批量传输的时序图如图 9-12 所示。为了便于理解图 9-11 和
图 9-12 没有考虑出错情况，简化了 Hub 到设备的全速传输。

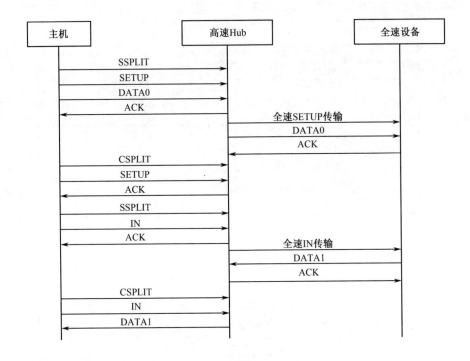

图 9-10　没有数据阶段的控制传输

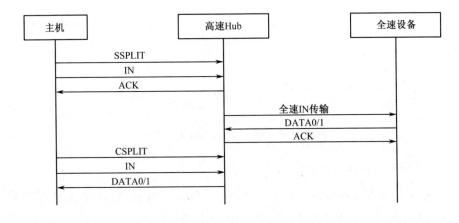

图 9-11　IN 批量传输

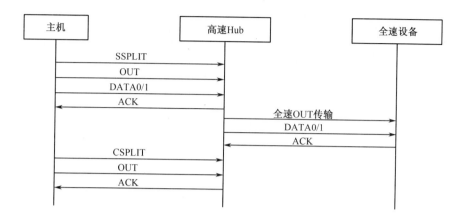

图 9-12　OUT 批量传输

3）中断（Interrupt）传输

中断传输有两种情况：IN 传输和 OUT 传输。IN 中断传输的时序如图 9-13 所示，OUT 中断传输的时序如图 9-14 所示。为了便于理解图 9-13 和图 9-14 没有考虑出错情况。当主机进行 CSPLIT 传输的时候，如果 Hub 正在接收来自设备的数据，还没有完全接收完，Hub 可能会通过 MDATA 回复主机部分数据。

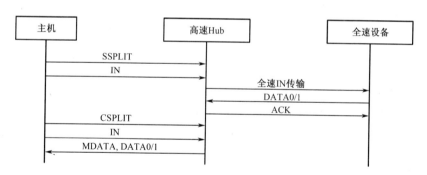

图 9-13　IN 中断传输

4）实时（Isochronous）传输

实时传输有两种情况：IN 传输和 OUT 传输。IN 实时传输的时序如图 9-15 所示，OUT 实时传输的时序如图 9-16（数据不大于 188 字节）、图 9-17（数据大于 188 字节）和图 9-18（数据大于 376 字节）所示，为了便于理解所有图没有考虑出错情况。Hub 以全速发送实时数据包时在 1 个微帧（Micro Frame）时间内，最多能传输的数据不大于 188 字节。考虑 Hub 全速发送数据的能力，高速主机把发送给全速设备的实时数据按 188 字节分块通过连续的微帧发送给 Hub，Hub 在收到第一个主机发送过来的数据后就可以向全速设备发送数据。在第一块 188 字节没发送完之前，Hub 就会收到主机发送过来的第二块字节。这样保证了 Hub 连续发送整个数据包，并且没有数据积压。

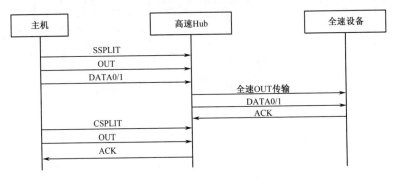

图 9-14 OUT 中断传输

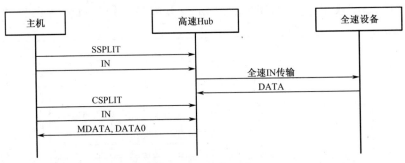

图 9-15 IN 实时传输

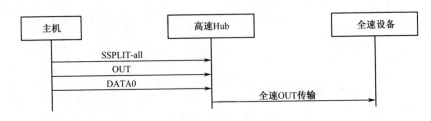

图 9-16 OUT 实时传输（不大于 188 字节）

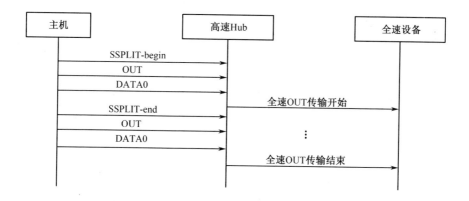

图 9-17　OUT 实时传输（188～376 字节）

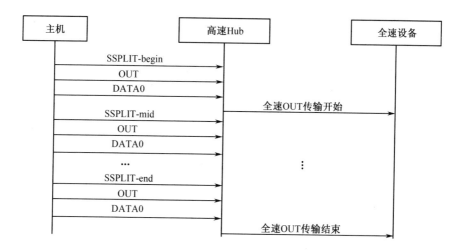

图 9-18　OUT 实时传输（大于 367 字节）

第 10 章
Chapter10

USB 兼容性测试

10.1　简介

USB 规范定义了详细的测试流程和参数，以便不同的厂家生产的 USB 产品保持很好的兼容性，对于每个用户，要求严格按照 USB 规范生产和测试 USB 产品，本章将简要介绍 USB 兼容性测试的流程和一些经常遇到的问题。

10.2　测试要求

在准备测试之前，需要根据产品的功能和应用，确定哪些测试项是必须要做的，USB 规范提供了详细的测试列表，可供对比检查，访问下面地址可以得到详细的信息：http://www.usb.org/developers/compliance/check_list/。

在本书中，仅仅列出了常见的主机和设备的测试要求，如表 10-1 和表 10-2 所示。

表 10-1　USB 规范对 USB 主机的测试要求

兼容性测试　　USB 速度	Automated Test Ch6	Manual Test Ch7	Droop/Droop	DS LS SQT	DS FS SQT	DS HS Electrical
高速主机	A	A	A/**	*	*	A
全速主机	*	A	A/**	*	*	—
低速主机	*	A	A/**	A	—	—

注：A—要求测试的。

　*—如果支持这个功能，要求测试。

　**—如果支持多个设备接口，要求测试。

表 10-2　USB 规范对 USB 设备的测试要求

兼容性测试 \ USB 速度	IOP Goldtree	Avg Current	Automated Test Ch6	Manual Test Ch7	USBC V	Back-Voltage	Inrush Current	US LS SQT	US FS SQT	US HS Electrical
全速设备	A	A	*	A	A	A	A	*	*	—
高速设备	A	A	*	A	A	A	A	*	*	A

注：A— 要求测试的。

　　*— 如果支持这个功能，要求测试。

　　**— 如果支持多个设备接口，要求测试。

10.2.1　测试设备

目前常用来做 USB 测试的设备主要来自泰克（Tektronix）、安捷伦（Keysight）、力科（Lecory）和横河（Yokogawa），请访问下面的网址，基于不同的设备可以找到对应的测试流程：http://www.usb.org/developers/compliance/electrical_tests/。

下面以安捷伦（Keysight）为例详细介绍所需的设备和测试流程。

表 10-3 介绍了数字示波器和所需的附件。

表 10-4 介绍了相应的测试夹具。

图 10-1 所示为高速测试夹具的图片。

图 10-2 所示为低/全速测试夹具的图片。

表 10-3　数字示波器和所需的附件

测试设备			测　试		
型　号	描　述	厂　家	主机（高速）	设备（高速）	低/全速
N5416A	USB2.0 自动软件	安捷伦（Keysight）	1	1	1
DSO9254A	数字示波器	安捷伦（Keysight）	1	1	1
1169A	差分探头放大器	安捷伦（Keysight）	1	1	—

续表

测试设备			测试		
型　号	描　述	厂　家	主机（高速）	设备（高速）	低/全速
N5381A	差分焊接探头	安捷伦（Keysight）	1	1	—
E2697A	单端探头	安捷伦（Keysight）	—	—	1
N2774A	电流探头	Allion	—	—	1
HSEHET 板	高速主机测试板	MQP	1		
Packet-Master USB-PET	USB 协议和电气测试	安捷伦（Keysight）	1		
33401A	数字万用表	安捷伦（Keysight）	1	1	1
P40A-1P2J	直流 5V 电源	—	1	1	1

注：1 表示需要 1 套设备。

表 10-4 USB 电气特性测试夹具

测试设备			测试		
型　号	描　述	厂　家	主机（高速）	设备（高速）	低/全速
E2649-66401	设备高速信号质量测试夹具	安捷伦（Keysight）	—	1	—
E2649-66402	主机高速信号质量测试夹具	安捷伦（Keysight）	1	—	—
E2649-66405	USB2.0/3.0 电压降低测试夹具	安捷伦（Keysight）	—	—	1
E2646A/B	浪涌测试夹具	安捷伦（Keysight）	—	—	1
E2649-66403	接收灵敏度侧测试夹具	安捷伦（Keysight）	1		
81130A	脉冲发生器	安捷伦（Keysight）	—	1	—
82357A	USB/GPIOB 接口	MQP	—	1	—
8493C	6db 衰减器	安捷伦（Keysight）	—	1	—
8120-4948	50ohm SMA 接头同轴电缆	安捷伦（Keysight）	—	2	—

注：1 和 2 分别表示需要 1 套和 2 套设备。

图 10-1 E2649 高速测试夹具

图 10-2 E2646A/B 低/全速测试夹具

10.2.2 测试软件

USB 兼容性测试所需要的一些测试软件见表 10-5。

表 10-5 USB 测试软件

名　字	版　本	描　述
USBET20	1.31.03	USB 电气分析工具
USBHSET	1.3.2.0	初始化测试模式
USB20CV	1.5.3.0	USB 设备框架测试
GraphicUSB	4.47	PET 测试设备软件

以上的测试软件（除 GraphicUSB 外）可以从 http://www.usb.org/developers/tools/usb20_tools/#USBET20 得到。

10.3　电气测试流程

■■10.3.1　低/全速 USB 测试

1. 上行全速 USB 信号质量测试

测试步骤如下：

（1）在示波器的 USB 自动测试软件里面选择配置，注意测试类型设置为"全速远端"，测试连接设置请参考图 10-3。

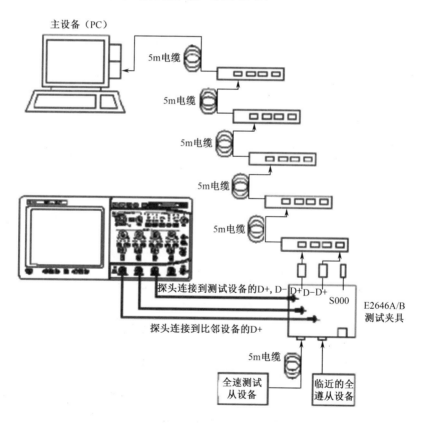

图 10-3　上行全速信号质量测试环境

（2）打开"USBHSET"测试软件，选择"设备"并且点击"测试"按钮进入测试，参考图 10-4。

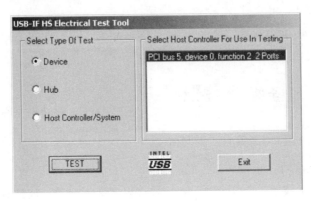

图 10-4　USBHSET 测试软件

（3）在"USBHSET"测试软件中，点击"枚举总线"，然后可以看到所有连接的设备。

（4）找到测试的设备，然后从下拉命令菜单里选择"loop Device Descriptor"，然后点击"执行"，等到看到提示信息"执行成功"（见图 10-5），就可以进行下一步的测试了。

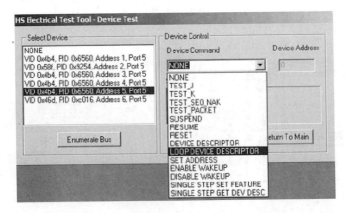

图 10-5　USBHSET 设置设备控制命令

（5）在示波器的自动测试软件里点击"运行"按钮，在测试完成之后，就可以看到完整的测试报告和眼图（见图 10-6）。

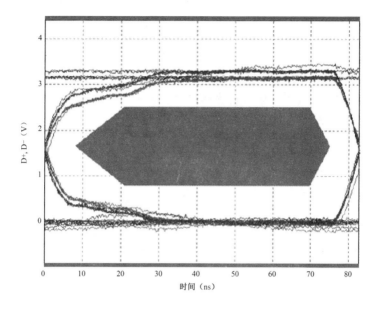

图 10-6　上行全速 USB 眼图

2. 反向电压测试

这项测试是为了检测是否电路中泄漏电流到 V_{BUS}，D+和 D−线号线上，测试步骤如下：

（1）打开示波器 USB 自动测试软件，如图 10-7 所示。

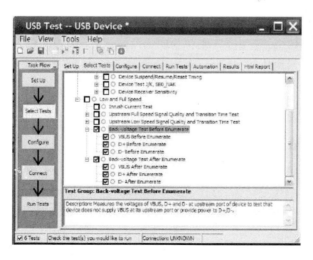

图 10-7　反向电压测试设置

（2）连接电源到测试设备（见图 10-8），同时连接 USB 到反向电压测试夹具上，测量并记录 V_{BUS}，D+和 D-电压，确保所有的电压都低于 400mV。

（3）连接测试设备到 USB 主机上，并且验证枚举成功，然后断开它与 USB 主机的连接，重新连接到反向电压测试夹具上，测量并记录 V_{BUS}，D+和 D-电压，确保所有的电压都低于 400mV。

（4）测试完成之后，可看到完整的测试报告。

3. 浪涌电流测试

USB 规范要求 USB 设备在上电阶段（100ms 内）不能消耗超过 100mA 的电流，同时要求 V_{BUS} 上面连接电容至少为 1μF，所以浪涌电流测试就是测量在上电 100ms 内的最大电流，测试步骤如下：

（1）连接测试夹具（SQiDD 板），如图 10-9 所示。用电流探头测量 V_{BUS} 电流波形。测量时，先校正电流到 0mV，否则容易导致测量误差。

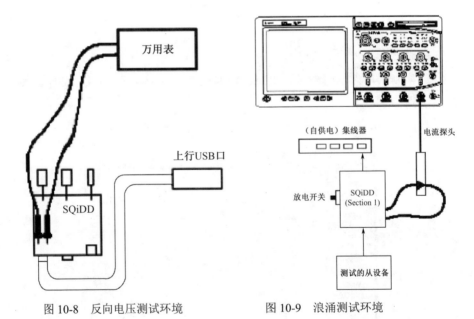

图 10-8　反向电压测试环境　　　　图 10-9　浪涌测试环境

（2）连接测试设备到测试夹具上，测试夹具的开关放在"关"的位置。

（3）拔下测试设备，然后把开关转向"开"的位置。

（4）调整示波器分辨率到合适的值，时间轴 50ms/div，纵轴 500mA/div，采样率设置为 1M/s。

（5）重新连接测试设备到测试夹具上，并且保存捕捉到的电流波形。

（6）测量电流，检查是否超过最大限制。

4. 下行低/全速信号质量测试

这项测试是测试 USB 主机在全速通信下的信号质量，测试步骤如下：

（1）在示波器的测试软件里选择"主机"选项，并且在测试选项里面选择"低/全速远端"。

（2）连接设备和夹具如图 10-10 所示。

（3）点击"运行"，可以以观察到如图 10-11 所示的波形，在测试完成之后，可以自动生成测试报告。

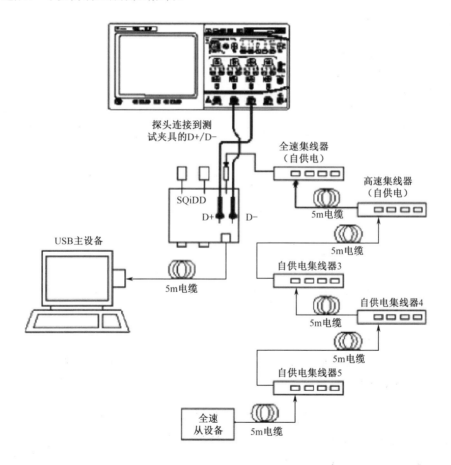

图 10-10　下行信号质量测试环境

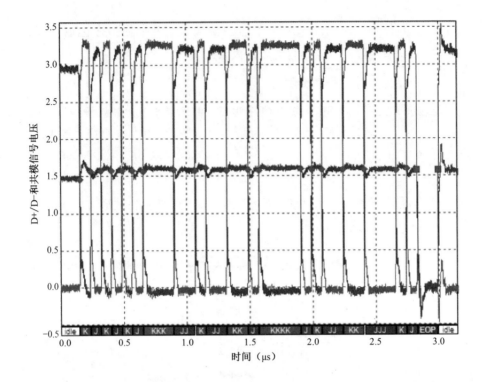

图 10-11　下行全速信号波形

5. 主机电压跌落测试

电压跌落测试是测量主机在满载情况下的驱动能力，确保输出电压满足 USB 规范的要求。具体来说就是主机采用自供电模式，在 V_{BUS} 输出电流 500mA 的情况下，确保 V_{BUS} 电压在 4.75～5.5V 之间。

如果主机是集线器，当一个设备接入时，要确保 V_{BUS} 的电压跌落不大于 330mV，本书暂不讨论集线器的测试。

测试步骤如下：

（1）首先通过 PC 或者是外部的电源给测试夹具（见图 10-12）上电，测试夹具的 LED（绿色）会亮。

（2）测试夹具上面有几个开关，功能介绍分别如下：

● S5 用来选择是"Drop"或者"Droop"测试。

● S4 用来选择 100mA 或者是 500mA 负载。

● 按下 S1 并保持 3s，测试夹具上电开始工作。

- 同时按下 S1 和 S2，测试夹具停止工作。
- 当测试夹具工作时，按下 S2 使能左边的口工作。
- 当测试夹具工作时，按下 S1 使能右边的口工作。

（3）当没有连接负载时，测量 V_{BUS} 电压，并且记录为 $V_{non\text{-}load}$。

（4）当连接 500mA 负载时，测量 V_{BUS} 电压并记录 V_{load}。

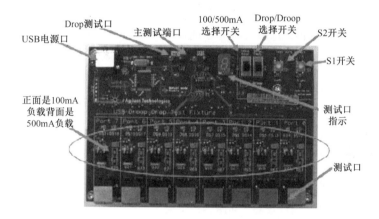

图 10-12　主机跌落测试夹具

测试记录结果如表 10-6 所示。

表 10-6　测试记录结果

测试选项	V_{BUS} 电压	测量要求
$V_{non\text{-}load}$	5.19V	$4.75 \leqslant V_{BUS} \leqslant 5.5V$
V_{load}	5.083V	$4.75 \leqslant V_{BUS} \leqslant 5.5V$
V_{drop}	107mV	$\leqslant 750mV$
V_{droop}	—	$\leqslant 330mV$

10.3.2　高速 USB 测试

USB 高速信号与 USB 全速信号的测试略有不同。

1. 设备高速信号测试

设备测试需要"USBHSET"测试软件，在测试之前，请先确认测试软件已经安装，且工作正常。关于设备的电气信号测试要求，主要包括以下几个方面：

- 设备电气信号测试。

  - **EL_2**：数据速率测试。
  - **EL_4, EL_5**：眼图测试。
  - **EL_6**：上升/下降时间测试。
  - **EL_7**：非单调性的边沿测试。

- 设备数据包测试。

  - **EL_21**：同步域长度测试。
  - **EL_25**：EOP 长度测试。
  - **EL_22**：测量在第一包和第二包之间的内部间隙。
  - **EL_22**：测量在第一包和第三包之间的内部间隙。

- 设备 CHIRP 测试。

  - **EL_28**：测量设备 CHIRP-K 间隙。
  - **EL_29**：测量设备 CHIRP-K 持续时间。
  - **EL_31**：设备使能和 D+断开的时间。

- 设备挂起/复位/恢复时序测试。

  - **EL_38, EL_39**：设备挂起响应时序。
  - **EL_40**：设备恢复响应时序。
  - **EL_27**：设备 CHIRP 从高速操作到复位的响应。
  - **EL_28**：设备 CHIRP 从挂起到复位的响应。

- 设备 J/K, SE0_NAK 测试。

  - **EL_8**：设备 J 测试。
  - **EL_8**：设备 K 测试。
  - **EL_9**：设备 SE0_NAK 测试。

- 设备接收灵敏度测试。

  - **EL_18**：最小同步域。
  - **EL_17**：接收灵敏度测试。
  - **EL_16**：噪声抑制测试。

2. 设备高速信号要求

表 10-7 列出了设备高速信号的电气特性要求。

图 10-13 介绍了典型的高速信号测试环境。

图 10-14 是设备信号的眼图模板。

表 10-7　设备电气信号要求

测试条目	限制条件
EL_2：数据速率测试	480Mb/s±0.05%
EL_4, EL_5：眼图测试	满足模板的传输波形要求
EL_6：上升/下降时间测试	>500ps
EL_7：非单调性的边沿测试	数据过渡必须是单调的
EL_21：同步域长度测试	32 位，65.62～67.700ns
EL_25：EOP 长度测试	32 位，65.62～67.700ns
EL_22：测量在第一包和第二包之间的内部间隙	16.640～399.400ns
EL_22：测量在第一包和第三包之间的内部间隙	16.640～399.400ns
EL_28：测量设备 CHIRP-K 间隙	2.500μs～6.000000ms
EL_29：测量设备 CHIRP-K 持续时间	1.000～7.000ms
EL_31：设备使能和 D+断开的时间	1ns～500.000μs
EL_40：设备恢复响应时序	必须在两个位周期内从恢复信号结束返回到高速操作
EL_27：设备 CHIRP 从高速操作到复位的响应	3.100～6.000ms
EL_28：设备 CHIRP 从挂起到复位的响应	2.500μs～6.000000ms
EL_38, EL_39：设备挂起响应时序	3.000～3.125ms
EL_8：设备 J 测试	360mV≤D+≤440mV -10mV≤D-≤10mV
EL_8：设备 K 测试	360mV≤D-≤440mV -10mV≤D+≤10mV
EL_9：设备 SE0_NAK 测试	-10mV≤D+≤10mV -10mV≤D-≤10mV
EL_18：最小同步域	在 12 个位周期内检测到同步域的结尾
EL_17：接收灵敏度测试	≤±200mV
EL_16：噪声抑制测试	≥±100mV

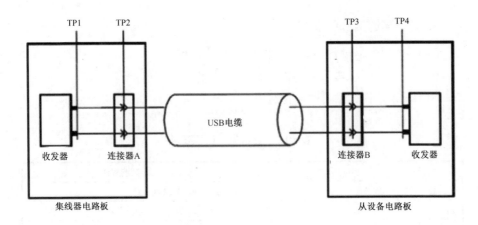

图 10-13　高速信号测量

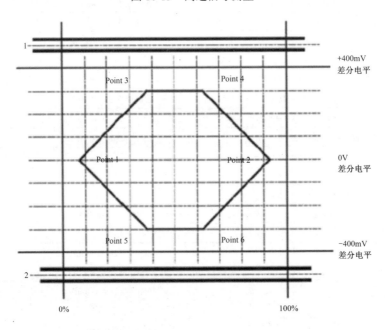

图 10-14　设备信号模板（非电容性电缆）

3. 设备高速信号质量测试

这项测试是测试有效的高速信号的发送器的性能，测试需要用高速的差分探头捕捉有效的高速信号，然后用示波器自带的软件转化成眼图并显示出来。

具体的测试步骤如下：

（1）打开示波器里面的自动测试软件（见图 10-15），注意选择正确的配置。

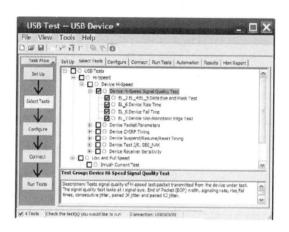

图 10-15　设备高速信号测量

（2）按照图 10-16 连接好测试夹具。

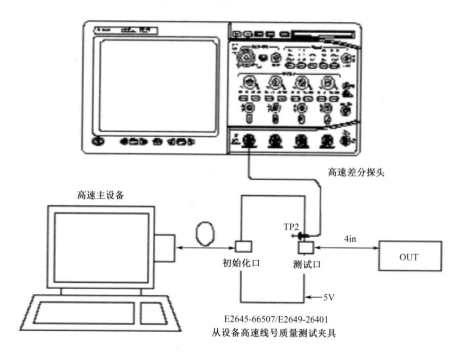

图 10-16　设备高速信号测量环境

（3）在电脑端打开测试软件（USBHSET），选择"device"。

（4）在软件"USBHSET"枚举到测试设备，点中选择并且选择"device command"为"TEST_PACKAGET"，请参考图 10-17 设置。

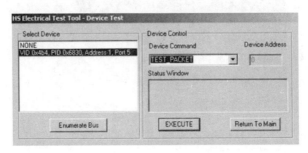

图 10-17　USBHSET 设置

（5）在示波器的自动测试软件里点击"测试"按钮，并且按照上面的指示切换夹具上的开关。

（6）测试完成之后，会自动生成测试报告，眼图如 10-18 所示。

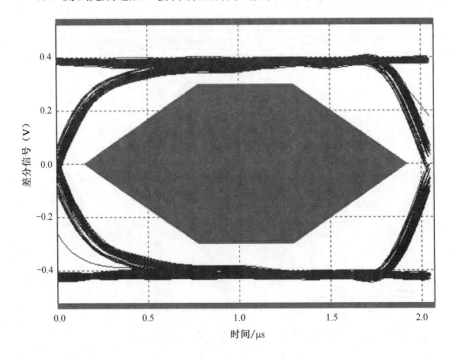

图 10-18　设备高速信号眼图

4. 设备数据包参数测试

这项测试是通过测试软件发出特定的数据包，测试设备的发出的数据信号特性，主要检测下面几个方面：

- EL_21：同步域长度测试。
- EL_25：EOP 长度测试。
- EL_22：测量在第一包和第二包之间的内部间隙。
- EL_22：测量在第一包和第三包之间的内部间隙。

按照示波器自动测试软件的指示即可完成测试。

5. 设备的其他测试

同样地，按照自动测试软件的指示，可以逐步完成下列测试。

- 设备 CHIRP 测试。
- 设备挂起/复位/恢复时序测试。
- 设备 J/K, SE0_NAK 测试。
- 接收灵敏度测试。

接收灵敏度测试是为了测试 USB 设备对噪声的抑制能力，因此，需要一些额外的设备模拟噪声并且控制噪声的幅度，请根据使用的夹具选择合适的脉冲发生器。

10.3.3　主机高速信号测试

1. 主机高速信号测试要求

主机电气信号测试主要包括以下几个方面：

- 主机高速信号质量测试。
  - **EL_2**：数据速率测试。
  - **EL_3**：眼图测试。
  - **EL_6**：上升/下降时间测试。
  - **EL_7**：非单调性边沿测试。

- 主机数据包参数测试。

  - **EL_21**：同步域长度测试。
  - **EL_25**：包结束（EOP）长度测试。
  - **EL_23**：前两个包之间的内部间隙测试。
  - **EL_22**：主机和设备数据包的内部间隙测试。
  - **EL_55**：SOF 和 EOP 宽度测试。

- 主机 CHIRP 时序测试。

  - **EL_33**：测量主机 CHIRP 响应时间。
  - **EL_34**：测量主机 CHIRP-J/K 持续时间。

- 主机挂起/恢复时序测试。

  - **EL_39**：主机挂起时序响应。
  - **EL_41**：主机恢复时序响应。

- 主机 J/K, SE0_NAK 测试。

  - **EL_8**：主机 J 测试。
  - **EL_8**：主机 K 测试。
  - **EL_9**：主机 SE0_NAK 测试。

测试参数要求如表 10-8 所示。

表 10-8　主机电气信号要求

测试条目	限制条件
EL_2：数据速率测试	480Mb/s±0.05%
EL_3：眼图测试	满足模板的传输波形要求
EL_6：上升/下降时间测试	>500ps
EL_7：非单调性的边沿测试	数据过渡必须是单调的
EL_21：同步域长度测试	32 位，65.62～67.700ns
EL_25：包结束（EOP）长度测试	8 位，15.620～17.700ns
EL_23：前两个包之间的内部间隙测试	183.000～399.400ns
EL_55：SOF 和 EOP 宽度测试	40 位，81.100～83.388ns
EL_22：主机和设备数据包的内部间隙测试	16.640～399.90ns
EL_33：测量主机 CHIRP 响应时间	1ns～100.000μs
EL_34：测量主机 CHIRP-J/K 持续时间	40.000～60.000μs

续表

测试条目	限制条件
EL_34：帧头（SOF）时序响应	100.000～500.000μs
EL_39：主机挂起时序响应	3.000～3.125ms
EL_41：主机恢复时序响应	≤3.000ms
EL_8：主机 J 测试	360mV≤D+≤440mV −10mV≤D−≤10mV
EL_8：主机 K 测试	360mV≤D−≤440mV −10mV≤D+≤10mV
EL_9：主机 SE0_NAK 测试	−10mV≤D+≤10mV −10mV≤D−≤10mV

　　在设备的测试中，可以通过电脑端的测试软件发出特定的数据包完成测试。在主机的测试中，它是根据接入的设备的产品识别号（PID）来发送特定的数据包来完成测试的，因此，USB 认证实验室提供了"HSEHET"板（见图 10-19），它可以灵活地设置不同的 PID。

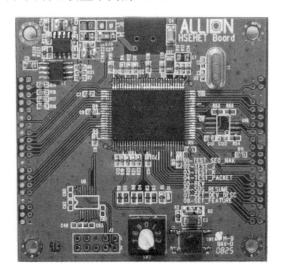

图 10-19　HSEHET 板

各个 PID 对应的测试模式如表 10-9 所示。

表 10-9　测试模式定义

产品识别号	测试模式
0x0101	测试 SE0_NAK
0x0102	测试 J
0x0103	测试 K
0x0104	测试包
0x0105	保留
0x0106	挂起/恢复测试
0x0107	单步获得设备描述符
0x0108	单步获得设备描述符数据

2. 主机高速信号质量测试

这项测试是测试 USB 主机的信号质量，借助于 HSEHET 板，使能 USB 主机持续发出测试数据包，用示波器的差分探头捕捉并通过软件转化成眼图，具体的测试步骤如下：

（1）在示波器上打开自动测试软件，确保测试配置选项正确，请参考图 10-20。

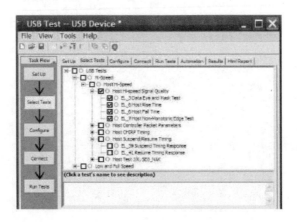

图 10-20　主机高速信号测试

（2）如图 10-21 所示，连接好测试夹具（E2649-66402），也可以参考示波器上面的指令完成测试夹具的连接。

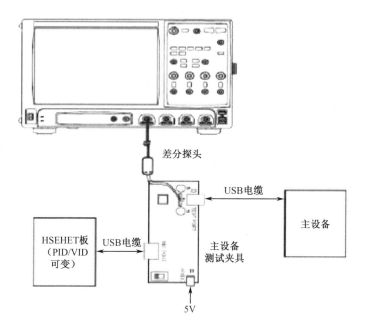

图 10-21 主机高速信号测试夹具连接

（3）连接 5V 电源到测试夹具上，保持测试夹具的开关在"关"的位置，并且绿色指示灯亮，黄色指示灯灭。

（4）用 4in 的 USB 电缆连接测试板到测试夹具上。

（5）在连接 HSEHET 板之前，确保选择"测试包"PID 选项，然后用 5m 的 USB 电缆连接到测试夹具上。

（6）按照自动测试软件的指令连接好示波器探头。

（7）点击"运行"。

（8）在 USB 主机枚举到 HSEHET 板之后，把测试夹具上的开关拨到"开"的位置。

（9）当测试完成之后，会自动生成测试报告。图 10-22 所示为生成的主机高速信号眼图。

3. 主机其他测试

主机其他的电气性能测试，可以根据自动测试软件的指令逐步完成。

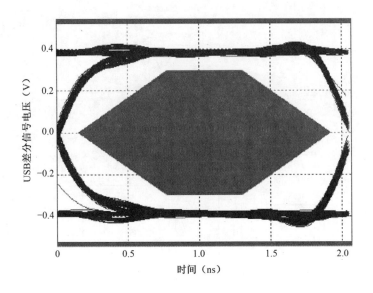

图 10-22　主机高速信号眼图

10.4　常见问题和解决办法

在测试中，一些经常会出现的问题主要包括以下几种：

● 主设备信号质量测试。

● 设备（全速）反向电压测试。

● 设备（全速）浪涌电流测试。

● 主机（全速）电压跌落测试。

下面将依次详细介绍失败的原因和解决办法。

10.4.1　主设备信号质量测试

信号质量测试也就是经常说的 USB 眼图，我们会用实际测到的眼图和理想的眼图做对比，很多示波器带有自动测试的软件，并且会提供详细的报告，这项测试是 USB 测试里面最重要，也是最容易出问题的一项测试。

一般来说，如果测试出现失败，需要从下面几个方面来检查：

● USB 信号布线。

● ESD 器件的影响。

● USB 收发器电气特性。

10.4.2　USB 信号布线

USB 信号是一对差分信号线，为了满足高速信号传输的要求，USB 规范做了很详细的规定，请参考 2.2 节及 2.3.5 节的要求完成 USB 布线设计。

在实际中经常遇到的问题如下：

● USB D+，D-经过不同的过孔数，过孔带来差分信号线阻抗和容抗不匹配，导致信号质量变差。

● 没有按照差分线的规则走线。

● USB 走线过长，并且附近有大的干扰源，如开关电源。

● 考虑信号完整性，在电路中常用的办法是利用串联共模电感或串联电阻做阻抗匹配，如图 10-23 所示。

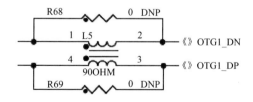

图 10-23　USB 信号电路

可以根据眼图的开合情况调整匹配电阻的大小，数值一般为 0～51Ω。

10.4.3　ESD 器件的影响

在实际使用中，为了增强 EMC 的性能，一般会增加 ESD 器件到 USB 信号线上。图 10-24 所示为外接 ESD 保护电路。

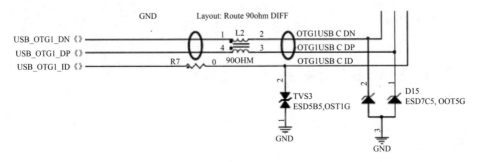

图 10-24　外接 ESD 保护电路

附加的 ESD 器件会增加寄生电容到 USB 信号线上，正常情况下不会影响 USB 信号的质量；但是根据选择的 ESD 器件的型号，增加的寄生电容也会不同，所以要注意 ESD 器件的选型。在 USB 测试中，建议去掉 ESD 器件再做测试，以减少 ESD 器件带来的影响。

10.4.4　USB 收发器电气特性

USB 眼图反映了 USB D+,D-信号的电平的特性，在一些 USB 模块中，可以通过调整 USB 收发器的特性，改变 USB 信号的幅度、斜率和其他特性，如 NXP RT1050 的 USB 收发器，它提供了寄存器 USBPHYx_TX，可以调整信号的斜率，D+，D-输出信号、输出阻抗（基于 45ohm 调整）。

注意，不是所有的 USB IP 都支持 USB 收发器调整，请参考选择的 USB 器件的数据手册。

10.4.5　设备（全速）反向电压测试

这项测试主要是检查当 USB 设备与主机断开后，在 V_{BUS} 上是否还有残留的电压。常见的原因是，在一些电路设计中，USB 的 V_{BUS} 不仅仅给 USB 模块，还给系统提供备份电源，为了与其他的供电输入隔离，一些常见的做法是用二极管隔离，但是因为一些二极管的漏电流比较大，所以导致 V_{BUS} 的残留电压比较大。

图 10-25 代表了这种应用。

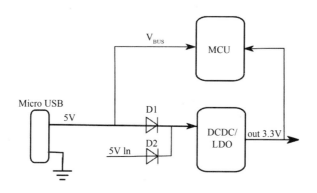

图 10-25　USB 接口连接（供电给系统）

当 MicroUSB 不连接到主机上时，由于 D1 的漏电流，可能导致在 V_{BUS} 线上存在残留电压，具体的电压值取决于 D1 漏电流的大小，当这种原因导致的失败时，可以暂时将 D1 拿掉，使 V_{BUS} 和其他电路完全隔离来解决这个问题。

10.4.6　设备（全速）浪涌电流测试

浪涌电流测试就是测量在上电 100ms 内的最大电流，引起失败的原因是电路中有大的电容连接到 V_{BUS} 总线上，建议调整电容值为 2～10μF 之间，同时规范要求不能没有电容连接到 V_{BUS}，电容最小为 1μF。

图 10-26 所示为 USB 浪涌电流波形。

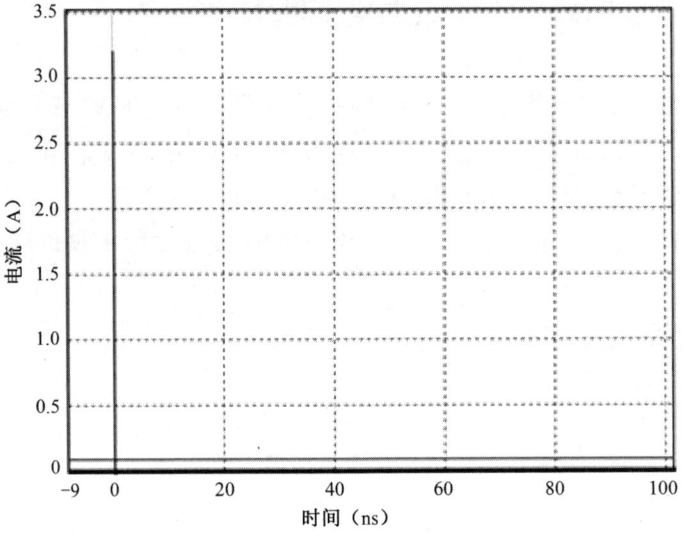

图 10-26　USB 浪涌电流波形

■■10.4.7　主机电压跌落测试

这项测试主要是测试主机的供电能力，测试失败的原因主要来自以下几个方面：

- 检查自供电电源的供电能力，建议使用外部电源供电，不要用计算机 USB 接口供电，容易因供电不足导致测试失败。
- 检查在 V_{BUS} 的供电电路中是否有串联电阻或磁珠。如果有，建议拿掉，或直接短接之后再测试（见图 10-27）。
- 检查主机供电限流电路，检查设置是否为（500mA），如图 10-28 所示。

NX5P309 控制 USB 主机的输出电流，输出电流的控制可以通过电阻 R335 来调整，确保它能够输出 500mA 的电流。

- 可以考虑增加电容在主机输出电路，降低设备浪涌电流的影响。

例如，在图 10-28 中，可以改变 C2 为 10μF 来降低设备浪涌电流的影响。

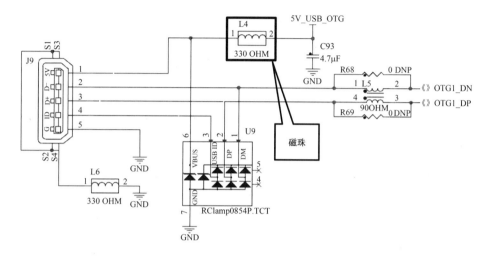

图 10-27　USB 供电电路（1）

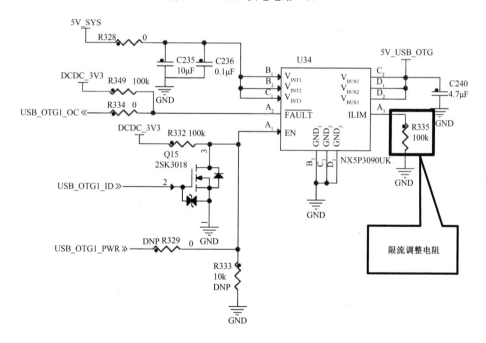

图 10-28　USB 供电电路（2）

参考文献

[1] USB Implementer's Forum. Universal Serial Bus Specification Rev2.0 [EB/OL]. http://www.usb.org, 2000.

[2] USB Implementer's Forum. Device Class Definition for Human Interface Devices (HID) Rev1.11[EB/OL]. http://www.usb.org, 2001.

[3] USB Implementer's Forum. HID Usage Tables Rev1.12[EB/OL]. http://www.usb.org, 2004.

[4] USB Implementer's Forum. USB Mass Storage Class Specification Overview Rev1.4 [EB/OL]. http://www.usb.org, 2010.

[5] USB Implementer's Forum. USB Mass Storage Class Bulk-Only Transport Rev1.0[EB/OL]. http://www.usb.org, 1999.

[6] USB Implementer's Forum. USB Class Definitions for Communications Devices Rev1.2[EB/OL]. http://www.usb.org, 2010.

[7] USB Implementer's Forum. USB Device Class Definition for Audio Devices Rev2.0[EB/OL]. http://www.usb.org, 2006.

[8] USB Implementer's Forum. USB Device Class Definition for Audio Data Formats Rev2.0[EB/OL]. http://www.usb.org, 2006.

[9] 李英伟，王成儒，练秋生，等．USB2.0 原理与工程开发[M]．北京：国防工业出版社, 2007.

[10] 刘荣．圈圈教你玩 USB[M]．北京：北京航空航天大学出版社, 2009.

[11] 薛园园，赵建领．USB 应用开发实例详解[M]．北京：人民邮电出版社, 2009.

[12] Jan Axelson. USB Complete: Everything You Need to Develop Custom USB Peripherals[M]. Lakeview Research, 2001.

[13] Shelagh Callahan, John Garney, Edward Solari, et al. USB Hardware and Software[M]. Annabooks, 1998.